东北黑土区小流域土壤侵蚀泥沙来源研究

黄东浩　周丽丽　杜鹏飞　范昊明　刘　冰　著

中国农业科学技术出版社

图书在版编目(CIP)数据

东北黑土区小流域土壤侵蚀泥沙来源研究 / 黄东浩等著 . --北京：中国农业科学技术出版社，2022.9

ISBN 978-7-5116-5898-2

Ⅰ.①东… Ⅱ.①黄… Ⅲ.①黑土-小流域-土壤侵蚀-研究-东北地区 Ⅳ.①S157

中国版本图书馆 CIP 数据核字(2022)第 162862 号

责任编辑 崔改泵 周丽丽
责任校对 王 彦
责任印制 姜义伟 王思文

出 版 者 中国农业科学技术出版社
北京市中关村南大街 12 号 邮编：100081
电 话 (010) 82109194 (编辑室) (010) 82109702 (发行部)
(010) 82109709 (读者服务部)
网 址 https://castp.caas.cn
经 销 者 各地新华书店
印 刷 者 北京建宏印刷有限公司
开 本 185 mm×260 mm 1/16
印 张 10.75
字 数 200 千字
版 次 2022 年 9 月第 1 版 2022 年 9 月第 1 次印刷
定 价 80.00 元

前　言

东北黑土区土壤侵蚀面广量大，严重危害着我国粮食安全和生态安全。面对如此严峻的环境问题，探索泥沙输移规律，掌握土壤侵蚀的动态变化，可以为历史水土流失的准确评价提供依据，从而指导未来水土流失治理措施的合理规划和布设，使水土流失防治工作更具针对性。

泥沙来源研究对流域泥沙平衡计算、河流泥沙减控、土壤侵蚀预报模型验证和水土保持效益评价都具有非常重要的意义，对生态建设与保护由事后治理向事前预防的战略性转变具有重要的实际指导价值。泥沙来源指纹示踪法在避免涉及土壤侵蚀机理的前提下，通过指纹直接联系源区土壤和侵蚀泥沙，定量描述潜在泥沙源区对流域产沙的相对泥沙贡献比例。虽然我国研究泥沙来源指纹示踪法的时间较短，但发展非常迅速，已成功地应用到一些地区。然而，至今针对东北黑土区的泥沙来源研究报道较少。

本书选取东北黑土区的典型小流域及其内部微小集水区为研究区域，以土壤剖面分布为依据，将流域的泥沙源区划分为表土和底土（侵蚀沟），再按照土地利用类型将表土分为耕地和非耕地（草地和林地），针对人工混合泥沙、沟底的沉积泥沙和流域出口处水库的泥沙沉积剖面，从以下几方面开展研究。全书共 9 章。第 1 章绪论，系统回顾了国内外侵蚀泥沙来源研究及其理论基础，以及研究过程中需要重点考虑的泥沙源区划分、采样方法、指纹选择/分析技术、指纹统计筛选、泥沙贡献定量模型、结果不确定性分析、优化计算方法等。第 2 章研究区概况与研究方法，基于研究区情况，详细介绍泥沙源区土壤和侵蚀泥沙采样点的布设方案、样品处理与测试方法。第 3 章泥沙来源定量模型精度评价，通过人工混合泥沙源区土壤的方法，对 3 种不同类别的模型，即 Walling-Collins 模型、Bayesian 模型和 DFA 模型，开展了准确度和不确定性分析，为科学合理地选择模型提供依据。第 4 章不同指纹的泥沙来源示踪能力分析，使用不同筛选方法获取的指纹，应用 Walling-Collins 模型、Bayesian 模型和解析解的方法定量了表土和侵蚀沟的泥沙来源信息，探讨泥沙来源指纹示踪法在东北黑土区泥沙来源研究中的可行性，并为该研究区选择最简单且经济的指纹提供依据。第 5 章小流域尺度泥沙来源研究，采集多个泥沙沉积剖面，解译近 40 年来东北黑土区小流域尺度泥沙来源及水库泥沙沉积速率的动态变化。第 6 章微小集水区尺度泥沙来源研究，通过^{210}Pb 测年法确定微小集水区出口处水库沉积泥沙的年龄及沉积速率。在此基础上，利用指纹示踪法获取沉积泥沙的来源信息，定量耕地、非耕地和侵蚀沟对微小集水区产沙量的贡献。第 7 章不同空间尺度小流域泥沙来源研究，通过比较鹤北流域及其子流域的泥沙来源，探讨流域空间尺度对指纹以及泥沙贡献的影响，并为不同空间尺度土壤侵蚀研究提供依据。第 8 章东北黑土区融雪侵蚀泥沙来源研究，在两种泥沙源区分类的基础上，探讨源区分类对最优复合指纹筛选过程和结果的影响，并分别计算各源区对融雪侵蚀泥沙的贡献。第 9 章融雪侵蚀与降雨侵蚀的泥沙来源对比，初步分析降雨侵蚀与融雪侵蚀的泥沙来源差异，并定量整个融雪径流过程中泥沙来源的动态变化，为融雪侵蚀机理的进一步研究提供依据。

本书是作者近几年的研究成果，感谢国家重点研发计划（2021YFD1500700）、国家自然科学基金项目（42007050、41501299）对本研究的资助。

目前，泥沙来源指纹示踪技术尚无统一的应用标准，还有待深入研究，期待更多的相关科研工作者投入到该领域。鉴于作者水平有限，书中难免有不妥之处，敬请同仁赐教。

著者

2022 年 5 月

目　录

第 1 章　绪论

1.1　研究背景

根据 2015 年国务院批复的《全国水土保持规划（2015—2030 年）》，东北黑土区总面积为 101.85×10^4 km^2，包括黑龙江省、吉林省、辽宁省和内蒙古自治区，涉及 244 个县。其中，黑龙江省的黑土区面积最大，约为 45.25×10^4 km^2；其次为内蒙古自治区和吉林省，黑土区面积分别为 25.41×10^4 km^2 和 18.7×10^4 km^2；辽宁省的黑土区面积最小，约为 12.29×10^4 km^2。东北黑土区处于气候寒冷的高纬度带，天然植被茂盛，腐殖质来源丰富，具有肥沃的黑土层。凭借黑土的土壤水分充足、有机质含量高等优点，东北黑土区已成为我国重要的农业生产基地，直接关系着国家粮食安全体系和社会可持续发展（Liu et al.,2015；蔡壮等，2007；刘兴土等，2009）。

东北黑土区环山绕水，资源丰富，土壤肥沃，自古是中华民族劳动生息之地。但经过长期对土地资源、森林资源、矿产资源的开发，工业建设、农业综合开发，以及商品粮基地建设，东北黑土区的经济和生态环境发生了巨大的变化。据历史文献和统计资料，东北三省经历滥伐、开矿、筑路以及多次大规模的农业开垦后，农地面积扩大，天然林地和草地面积减少（Ye et al.,2011；Ye et al.,2009）。土地利用变化是全球变化的重要组成部分（Turner et al.,2007），其对土壤侵蚀的影响受到广泛重视。天然植被用地向耕地转变时，土壤侵蚀速率会增大 1～2 个数量级（Montgomery，2007）。东北黑土区的大规模开垦始于 20 世纪 40—50 年代（范昊明等，2004），垦殖历史虽然不长，但土壤侵蚀已十分严重（阎百兴等，2008），已成为中国土壤侵蚀潜在危险性最大的地区之一（范昊明等，2004）。

严重的水土流失是生态环境恶化的集中表现，直接关系着国家生态安全。土壤侵蚀不仅加速了日趋紧缺的土地资源的退化和损失，甚至会使人类文明走向消亡（Lowdermilk，1935；刘宝元等，2001；刘宝元等，2018），这种损失存在于世界各地，其广泛性与严重性早已成为世界性的难题。据第一次全国水利普查水土保持情况普查结果，全国土壤侵蚀总面积为 294.91×10^4 km^2，占普查总面积的 31.12%。虽然东北黑土区的开垦时间不长，但开垦速度和强度是空前的，遭受着大面积的土壤侵蚀，且侵蚀类型较多。东北黑土区以水力侵蚀为主，面积为 20.83×10^4 km^2，其次为风力侵蚀和冻融侵蚀，面积分别为 10.68×10^4 km^2 和 2.86×10^4 km^2，三类侵蚀分别占整个黑土区面积的 16.7%、8.6%和 2.3%。由于地形起伏大、冬季漫长，在自然条件的作用下，受人类生产活动的影响，东北黑土区的沟道侵蚀发展非常迅速，且形式多样。第一次全国水利普查水土保持情况发现，东北黑土区侵蚀沟总数量为 29.57×10^4条，总面积和总长度分别为 3 648 km^2和 19.55×10^4 km。东北黑土区的土壤侵蚀面广量大，导致了大面积土地退化、耕地毁坏、生存环境恶化、气候异常和自然灾害增多，制约了经济发展，加剧了贫困（Pimentel et al.，1995；刘宝元等，2008；鲁彩艳等，2005；孟凯等，1998；唐克丽，2004），国家粮食安全和生态安全都受到了很大的威胁。

加强土壤侵蚀防治，可以促进人与自然的和谐发展，是保障国家生态安全和可持续发展的长期战略任务。水土保持措施的实施在减轻土壤侵蚀方面发挥了巨大作用，成功地减缓了世界许多地区耕地的土壤侵蚀速率（Borrelli et al.，2017）。Nearing et al.（2017）研究发现，美国通过保护性耕作和免耕措施，将年均土壤侵蚀速率从原来的 900 t/（km^2·a）降到了 600~700 t/（km^2·a），并通过保护储备计划（Conservation Reserve Program）取消部分地区的作物生产，使土壤侵蚀速率降至 100 t/（km^2·a）。Borrelli et al.（2017）发现，保护性耕作使阿根廷、巴拉圭和巴西的土壤侵蚀速率分别降低了 33%、27%和 20%。

我国也非常重视水土保持工作，并采取了一系列土壤侵蚀治理工程。通过 60 多年的艰苦努力，东北黑土区水土保持工作经历治理技术的探索、总结和推广阶段，并取得了显著的成就。例如，辽宁建平县响应国家的相关政策，20 世纪 50 年代就已开始种植沙棘，经过数十年的努力有效地控制了水土流失。改革开放以后，我国加大了对东北黑土区的资金投入，实施了多项大规模的水土流失综合防治工程。1983 年，国家首次有计划、有步骤地开展大规模水土流失综合治理的基础建设项目，即“国家水土保持重点建设工程”。到 2015 年，项目已进行 5 期。2003—2005 年，为实现东北黑土区水土保持生态建设，提出水土流失防治模式和技术体系，在东北黑土区开展了“水土流失综合防治试点工程”。2008 年，在总结以往水土保持模式的基础上，国家农业综合开发办公室启动了“国家农业综合开发东北黑土区水土流失重点治理工程”，截至 2016 年已实施了 3 期。2010—2012 年，还特别针对坡耕地的水土流失问题，专门实施了“坡耕地水土流失综合治理工程”，为农业基础设施建设提供示范。经过数十年的艰苦努力，东北黑土区水土流失防治工作有效地改善了生态环境和水土资源，提高了土地生产力，发展了区域经济，积累了丰富的水土流失防治工作经验，为后续的水土保持工作奠定了坚实的基础。

解决当前土壤侵蚀引发的一系列环境问题已然成为未来一段时间内水土保持工作的重点。水土保持措施在控制土壤侵蚀上发挥了巨大作用，但需要注意的是，措施的不合理布设不但起不到防治作用，反而可能会导致更为严重的水土流失，白白浪费人力和物力。因此，准确地了解水土保持措施与土壤侵蚀之间的响应关系，是合理利用土地资源和管理流域的重要内容之一。以往的土壤侵蚀研究对象主要涉及径流小区和小流域（Merten et al., 2010；Minella et al., 2018；Tiecher et al., 2017）等空间尺度，在评价土地利用变化对土壤侵蚀、产沙的影响，以及评估水土保持措施的生态效应方面发挥了重要作用。研究内容主要包括监测实施水土保持措施前后的土壤流失量、不同措施下的小区或小流域水土保持效应对比、水土保持措施与土壤侵蚀间的响应关系模型评价（Borrelli et al.,2017；de Vente et al.,2013；Palazón et al.,2016；Renard et al.,1991；Van Rompaey et al.,2001）等。

近期发展的泥沙来源指纹示踪法（Collins et al.,2017；Haddadchi et al.,2013；Smith et al.,2011；Walling，2013；Walling，2005；Walling et al.,2008）通过定量潜在泥沙源区的相对泥沙贡献比例，为研究水土保持措施或土地利用变化与土壤侵蚀之间的响应关系提供了新思路。作为流域泥沙源区属性的载体，泥沙携带了大量的土壤养分、重金属和有机污染物（Foster et al.,1996；Walling et al.,1997），直接反映了泥沙源区的类型与特征，有助于判别侵蚀泥沙的具体来源，对流域泥沙平衡计算、河流泥沙减控、土壤侵蚀预报模型验证和水土保持效益评价都具有非常重要的意义，由此成为土壤侵蚀和泥沙输移研究的重点与热点问题之一。传统的土壤侵蚀及泥沙来源研究方法大多是间接的，主要基于侵蚀强度和程度的观察信息获取，只能定性或半定量地判断可能的泥沙来源（Walling，2005）。与传统的泥沙来源确定方法相比，指纹示踪法以其直接、简单、方便的优点（Schuller et al.,2013；李振山等，2010），被世界各国的研究者所采用（Chen et al.,2016；Collins et al.,2013；Minella et al.,2014；Palazón et al.,2015；Poulenard et al.,2012；Stone et al.,2014；

Walling，2005）。该方法通过测试分析泥沙源区的土壤和侵蚀泥沙的属性，建立二者之间的联系，从而定量不同源区的泥沙贡献比例（Foster et al.,1994；Poulenard et al.,2012），成为近年来确定流域泥沙来源的主要方法。

与地质历史时期相比，短期和中等时间尺度（10~10^2年）泥沙沉积和来源的研究更为重要。基于洪水事件的径流泥沙过程采样，能够综合反映流域内土地利用及水文条件等因素改变导致泥沙来源的季节变化和年际波动（郭进等，2014）。中等时间尺度的泥沙来源判别，则在气候（Berger，1997）或土地利用变化（Rumsby，2000）与土壤侵蚀之间响应关系研究中起着至关重要的作用，从而为土地管理的规划和调整提供最合理的依据（Leung et al.,2006）。然而，我国大多地区修建把口站的时间较晚，监测流域土地利用变化和径流产沙的历史短，无法获取研究区足够长时间序列的相关记录，这就直接影响了研究时序的历史期限。当然，通过遥感影像可以恢复研究区过去较长时间内的土地利用变化，用于研究流域往年的土壤侵蚀情况，但研究成本高昂，非常耗时，也无法准确恢复。湖泊/水库或其他水体的沉积泥沙中赋存着大量的流域长时间侵蚀环境变化信息，为恢复流域土壤侵蚀历史记录，评价水土保持措施与土壤侵蚀之间的响应关系提供了条件（Dearing，1991；Foster et al.,1991）。泥沙沉积剖面经常应用于解译长时间尺度（数十年或数个世纪）的流域土壤侵蚀演变，在中国一些地区得到了成功应用。例如，在黄土高原广泛修建的淤地坝就保存了大量流域侵蚀产沙和侵蚀环境演变的信息。通过联系沉积旋回与其相应的暴雨事件，就可以恢复流域历史泥沙沉积情况。Zhao et al.（2017）利用黄土高原淤地坝的泥沙沉积旋回，成功解译过去30年流域产沙量，合理解释了流域土壤侵蚀与土地利用和水土保持措施变化间的响应关系，为进一步详细解释流域土壤侵蚀过程，通过沉积旋回提供的时间信息，估算出不同时期泥沙源区的泥沙贡献信息。这表明，通过解译泥沙沉积剖面，可在黄土高原获取较高时间分辨率的流域产沙和泥沙来源信息，这已被一系列研究所证实（Feng et al.,2003；Wang et al.,2014；Wei et al.,2017；Zhang et al.,2015；Zhao et al.,2015）。

对东北黑土区而言，为了解译土壤侵蚀与泥沙迁移规律，指导水土保持实践，已开展了大量的研究工作。近年来，有关东北黑土区切沟、浅沟、溅蚀和面蚀的研究成果不断涌现（Liu et al.,2017；胡刚等，2007；胡刚等，2009；伍永秋等，2000；张永光等，2006）。但有关泥沙沉积和输移的研究报道仍不多见（Dong et al.,2013）。这与整个东北黑土区土地利用方式相对简单、导致有关泥沙来源研究没有得到广泛关注有关。但随着近年对该区土壤侵蚀问题的重视，土地利用类型有趋于多样化发展的趋势。在这种情况下，研究土地利用类型相对多样的黑土区典型小流域泥沙来源问题，可以明晰不同土地利用方式下土壤侵蚀和泥沙输移的基本特点，不仅有助于当前水土保持措施的效益评价，而且对以水土资源保护为导向的土地利用规划具有现实的指导意义。

本研究正是在上述需求的背景下开展，针对东北黑土区小流域的泥沙来源开展了相关研究，评价了泥沙来源定量模型的精确度，分析了不同指纹的示踪能力，定量了东北黑土区典型小流域及其内微小集水区的泥沙来源，对比分析了融雪侵蚀与降雨侵蚀泥沙来源的差异。研究成果对推广泥沙来源指纹示踪法的应用和揭示东北黑土区典型小流域泥沙输移规律具有重要意义，对该区生态建设与保护由“事后治理”向“事前预防”的战略性转变具有非常重要的指导价值。

1.2　文献综述

本研究旨在定量东北黑土区小流域潜在源区的泥沙贡献比例和反演流域土壤侵蚀变化特征，研究重点涉及定量泥沙贡献比例和估算水库泥沙的沉积年龄及沉积速率。围绕上述研究要点，主要从以下两方面进行综述。

1.2.1　泥沙来源研究

传统上研究土壤侵蚀的方法有目测评价（Wilson et al.,1993）、侵蚀痕迹调查（Boardman et al.,1985）、侵蚀针（Davis et al.,1994）、剖面测量计（Lam，1977）、径流小区观测（魏天兴，2002）、水文资料分析（冯光扬，1993；石伟等，2003）和大面积调查（Wallbrink et al.,1993；熊道光，1990）等技术。虽然以上方法是最接近土壤侵蚀实际情况的调查手段，但往往会因大面积调查的复杂性以及监测时间的长期性，很难在不同地貌类型及部位完成对产沙全过程的监测和分析，从而在研究的时空尺度或结果代表性方面存在或多或少的问题。随着现代测试技术和分析手段的发展，基于泥沙理化性质分析的泥沙来源指纹示踪法成为确定小流域内潜在泥沙源区泥沙贡献比例的有效方法，为土壤侵蚀产沙研究提供新方向。1975年，受 Gibbs（1967）和 Skvortsov（1959）研究成果的启发，Klages et al.（1975）发现泥沙源区土壤属性的差异性有定量其泥沙贡献比例的潜力，并首次以砂粒和黏粒为示踪因子，成功地定量了蒙大拿州西南部加勒廷河各支流的泥沙贡献比例。自 20 世纪 70 年代以来，泥沙来源指纹示踪法凭借自身的优点越来越受到研究者的关注。通过 Web of Science 的核心数据库，以“fingerprinting sediment source”为主题，统计 1975—2017 年全球有关泥沙来源指纹示踪法研究的论文发表数量共有 894 篇。近 20 年（1998—2017 年），在该研究领域的论文发表数量逐渐上升，1998—2011 年呈缓慢上升状态，2012—2017 年为快速发展时期（图 1-1）。泥沙来源指纹示踪法的应用主要集中在生态环境科学和地质学两个方向，其次涉及水资源、地球化学与地球物理学，以及农业等方向（图 1-2）。

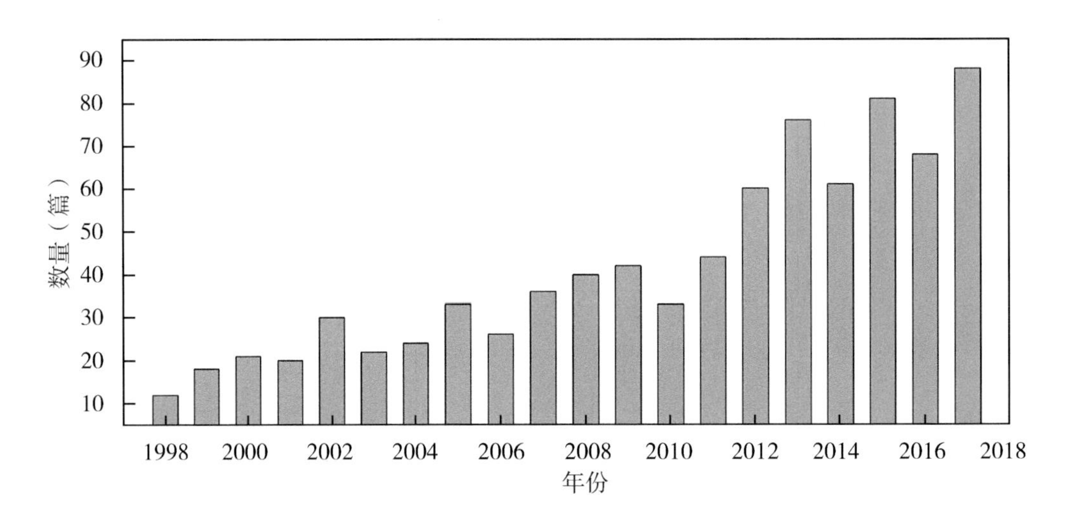

图 1-1　近 20 年泥沙来源指纹示踪法论文发表数量

美国和英国在泥沙来源指纹示踪法研究起步较早，也是科研成果最多的两个国家（图 1-3a），前期开展了大量的研究（图 1-3b），为后续的工作提供了技术支持。德国、中国和法国在泥沙来源指纹示踪法的研究起步相对较晚，但在近 5 年发展迅速。尤其是中国，在 2016 年发表的论文数量赶超美国和英国，相比之下德国有明显的下降趋势（图 1-3b）。发展中国家的土壤侵蚀及其引起的环境问题尤为突出，土地资源不断减少，一直受到粮食安全问题的困扰，开始重视对土壤侵蚀与泥沙迁移规律研究。其中，巴西、印度、伊朗等发展中国家投身到该研究领域，并取得了一定的研究成果（图 1-3a）。

1.2.1.1　理论基础

泥沙来源指纹示踪法是基于流域土壤侵蚀和泥沙输移过程，在地质、地貌、水文、土壤、植被、农业活动、土地管理/利用、开发建设等自然因素和人为活动的

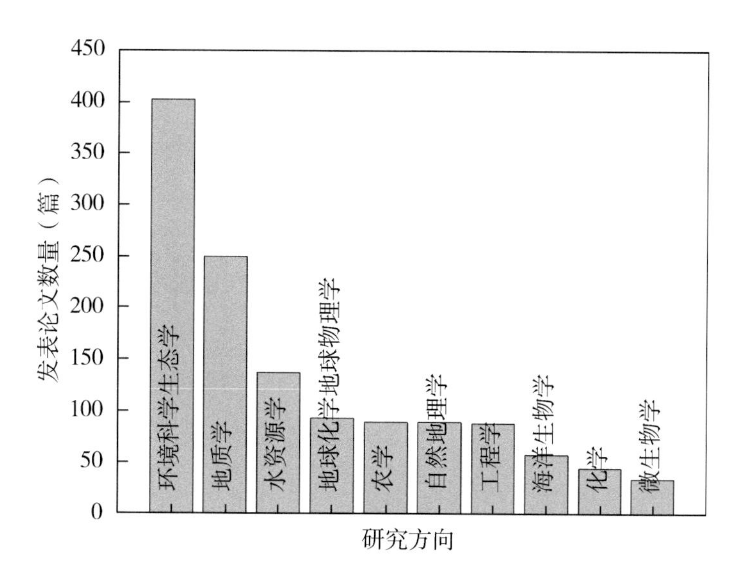

图 1-2　泥沙来源指纹示踪法在各研究方向的论文发表数量

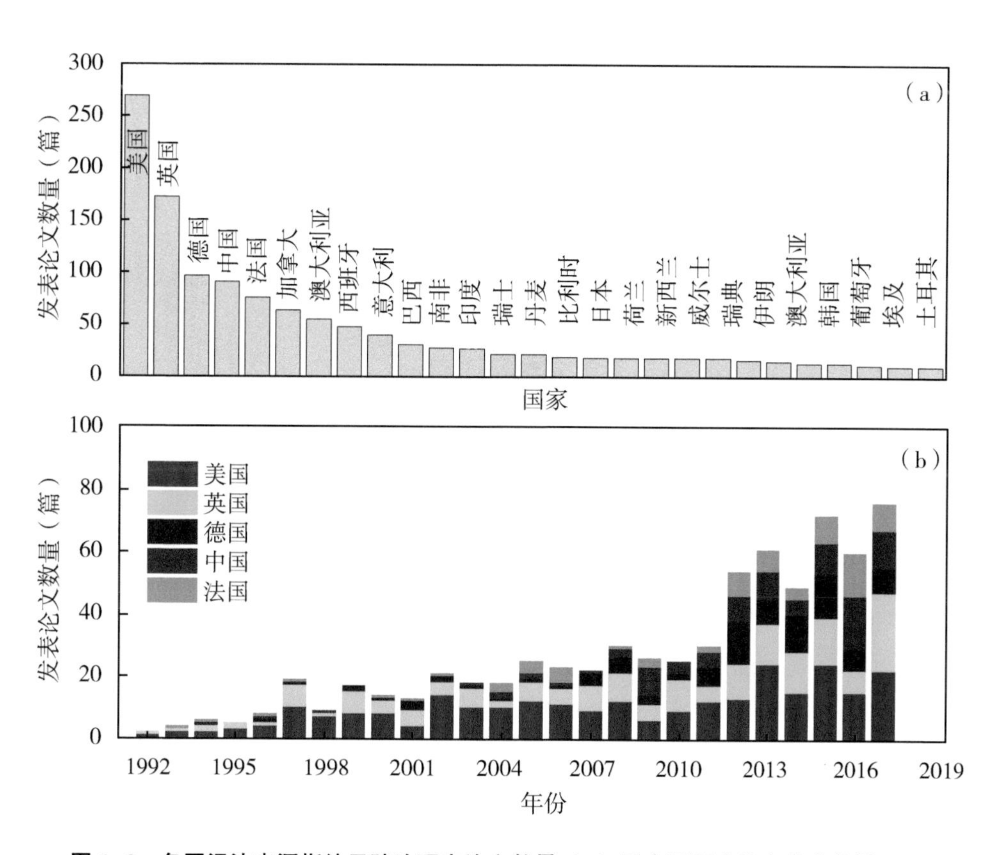

图 1-3　各国泥沙来源指纹示踪法研究论文数量（a）及主要国家论文发表数量（b）

综合驱动力下，使土壤侵蚀和泥沙输移过程非常复杂。流域的土壤侵蚀过程大致可分为雨滴击溅侵蚀、坡面侵蚀、沟蚀和河岸侵蚀，并通过坡面、沟道和河道输移侵蚀泥沙。泥沙输移过程中，只有很小一部分的侵蚀泥沙能够到达流域出口处，大多数侵蚀的土壤在重新沉积之前只被搬运了很小一段距离（Beach，1994）。也有部分侵蚀泥沙在输移过程中，遇到流域内的洼地、田间，河床或河漫滩等，使泥沙发生临时性沉积，甚至永久性淤积。这些复杂的土壤侵蚀和泥沙输移过程，使得传统方法很难确定流域的产沙量及侵蚀泥沙的来源。

“指纹”是指能够区分不同侵蚀单元的稳定土壤理化属性，需要满足以下两个假设条件：一是最终筛选的指纹其浓度在各潜在泥沙源区间差异显著，即指纹具备判别泥沙源区的能力；二是指纹浓度不随土壤侵蚀、泥沙输移过程和周围环境的变化而变异，即指纹浓度具有保存性和线性叠加性。总体上，这种方法通过忽视复杂的侵蚀产沙过程，运用转换模型直接比较泥沙源区土壤和侵蚀泥沙的指纹特征，来定量描述各潜在泥沙源区对侵蚀泥沙的相对贡献比例（图 1-4）。根据以上描述，泥沙来源指纹示踪法大致分为 5 个步骤：第一，泥沙源区的划分；第二，泥沙源区

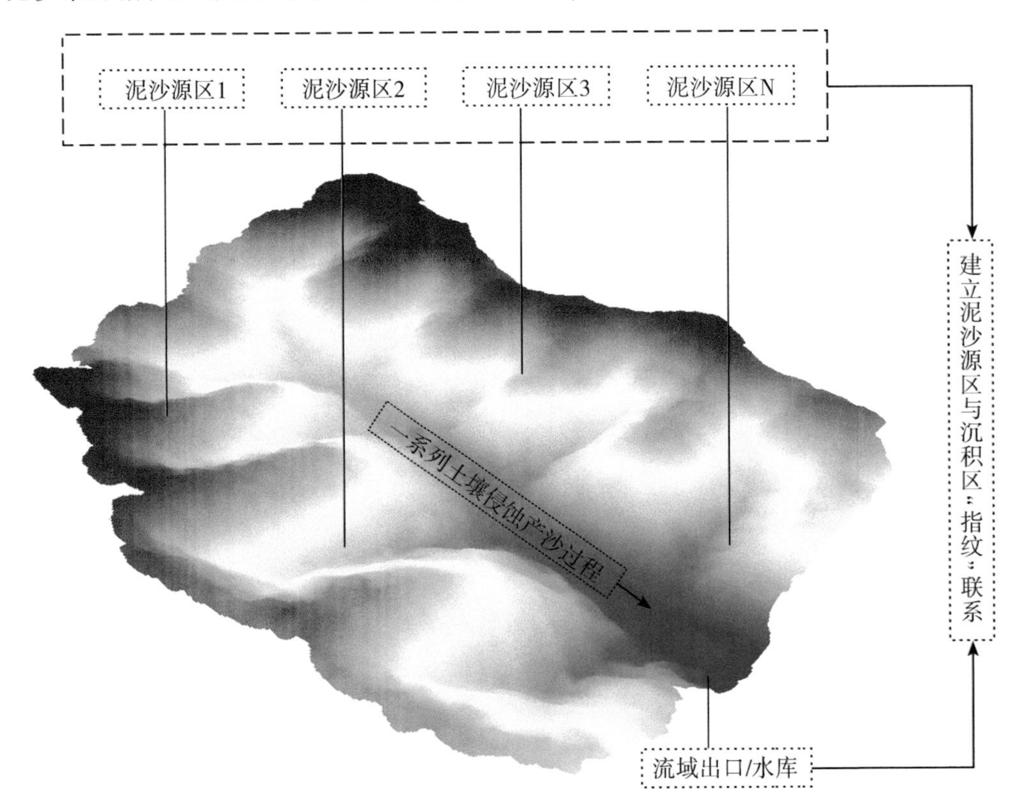

图 1-4　泥沙来源指纹示踪法理论基础

和沉积区采样点的布设；第三，指纹特征的分析与筛选；第四，泥沙贡献比例的定量计算；第五，优化计算与不确定性分析。

1.2.1.2　泥沙源区划分

泥沙源区是指通过土壤侵蚀产沙过程对沉积泥沙有贡献的区域，流域内所有土壤侵蚀单元均是潜在泥沙源区。泥沙来源指纹示踪法定量泥沙贡献比例的前提是研究者可以在众多侵蚀单元中，在自身经验和前期科研成果的基础上，可以预判流域内的主要泥沙源区，且各源区泥沙贡献比例之和为 100%，但能否客观合理地反映实际情况具有不确定性。复杂的自然因素和人类活动联合作用于土壤侵蚀和泥沙输移过程，构建了流域内部泥沙源区及其指纹特征的空间分布格局。泥沙源区的土壤应采集于侵蚀单元。因此，确定潜在泥沙源区需要尽可能详细地了解和描述流域的地质、地貌、水文、气候、土地利用和土壤类型等信息，为后续的采样方案和泥沙贡献比例定量结果提供依据。泥沙来源指纹示踪法是在指纹特征的判别性、保存性和线性叠加性假设条件下完成的。泥沙源区的侵蚀泥沙在剥蚀、搬运、沉积过程中的相互混合和泥沙源区采样点的归属误判是增加泥沙贡献比例定量误差的主要原因之一。可想而知，能否合理确定和正确判断潜在泥沙源区，对整个泥沙来源指纹示踪起着至关重要作用。

划分泥沙源区的方法较多。根据流域大小和研究目的，大致可以分为空间泥沙源区和类型泥沙源区。大流域空间尺度较大，泥沙源区分布复杂，影响侵蚀产沙过程的因素较多，适宜以小流域或地质亚区等空间差异性进行划分。例如，Walling et al.（2008）以水文响应单元为基础将 Hampshire Avon 流域（480 km^2）和 Middle Herefordshire Wye 流域（336 km^2）分别划分为 7 个和 5 个子流域，定量了各子流域的泥沙和磷的贡献比例。Walling et al.（1999）以空间地质分异（石炭纪、二叠纪、三叠纪，以及侏罗纪）为基础，划分 Ouse 流域（3 315 km^2）和 Wharfe 流域（818 km^2）的泥沙源区，成功估算了不同源区的泥沙贡献比例。而小流域空间尺度小，侵蚀产沙过程和侵蚀单元分布相对简单，可以有针对性地细分泥沙源区。常见的划分依据有土壤类型、植被覆盖、地貌和土地利用类型。Nosrati et al. 以单个坡面为研究对象，将其泥沙源区划分为坡顶、坡肩、坡中和坡下，定量了不同地貌部位的泥沙贡献比例。Russell et al.（2001）以土壤类型为依据划分 Rosemaund 流域和 Smisby 流域的泥沙源区，并定量了泥沙贡献比例。土地利用方式（耕地、林地、草地、牧场、城镇用地、道路）对土壤侵蚀产沙过程影响较大，是土壤侵蚀领域的研究热点，常被用于划分泥沙源区，泥沙来源定量结果为评价水土保持措施的生态效应提供依据（Motha et al.,2004；Tiechera et al.,2017）。另外一种类型划分主要是根据土壤侵蚀的空间分布将流域泥沙源区划分为表土和底土（Walling，2005）。但是不论如何划分，不能为了定量尽可能多的潜在侵蚀区，而一味地增加泥沙源区的数量。Lees（1997）发现泥沙源区为两个时泥沙贡献比例的定量准确率最高，泥沙源区数量增多会降低定量结果的准确度。不仅如此，Pulley et al.（2017）同样采用人工混合土壤样品的方法，比较3种划分泥沙源区的方法，发现不同泥沙源区组合会影响泥沙贡献比例的结果及其不确定性。理想条件下，泥沙源区指纹特征之间具有显著差异，能够相互区别。如果各泥沙源区的指纹特征之间差异不显著，则需要整合部分泥沙源区，直至差异显著为止。泥沙源区的划分是在研究主体能详尽地描述流域内潜在产沙区的假设条件下，将流域划分为主观认定的几类泥沙源区。但这种预判泥沙源区的结果与实际情况有差异时，会影响研究结果的客观性和对实践的指导意义，因此还需要进一步的研究，提出更具说服力的泥沙源区划分方法。

1.2.1.3　采样方法

指纹示踪法是基于指纹特征的判别性区分泥沙源区，布设泥沙源区采样点是要综合考虑流域的空间尺度，流域内指纹特征的分布水平，用有限的成本和分析水平，确保采样点布设的合理性和代表性。小尺度流域的泥沙源区分布相对简单，影响土壤侵蚀过程和指纹特征的因素少。受制于空间尺度和泥沙源区类型的复杂性，在大流域空间尺度上，泥沙源区的类型多，在流域内的空间分布相对复杂，影响侵蚀产沙过程的因素较多。因此，不同空间尺度的泥沙来源研究过程中，总会面临采样质量和数量间的矛盾。当流域尺度增大时，同等数量采样点的空间代表性降低，但增大采样数量，会提高成本，降低数据分析精度。如何有效制定采样方案，使有限的样本数量能够最大限度地反映潜在泥沙源区的特性，直接关系着泥沙贡献比例定量结果的准确度。但目前对泥沙源区样本数量没有统一的标准，对泥沙源区样本代表性的研究相对薄弱。为了降低各泥沙源区内指纹特征的空间变异，增加样本的空间代表性，通常使用混合采样方法，即以采样点为中心在给定半径内重复采集多个子样本，并混合为一个样本，增加样本的空间代表性（Wilkinson et al.,2013）。而Gellis et al.（2013）利用横断面采样方法，在泥沙采样点沿着河流约以10 m间距布设3~5个断面，将各断面的泥沙样做混合处理。Davis et al.（2009）认为泥沙源区土壤样品不能随机布设，应采集于侵蚀活跃区域。而Wilkinson et al.（2015）发现侵蚀程度对指纹浓度影响不大。同样，Haddadchi et al.（2015）证明泥沙贡献比例受泥沙源区与泥沙沉积区之间距离的影响，离沉积区较近的泥沙源区贡献更多的泥沙。各种采样方法在一定程度上增加了样本及其指纹特征单一值（均值或中位数）的空间代表性，但仅通过有限的样品数量代表整个流域特征还是很困难。因此，在实际计算过程中，多根据测试的泥沙源区指纹特征，设定指纹特征单一值的波动范围，采用蒙特卡洛抽样模拟技术来计算各泥沙源区泥沙贡献比例的置信范围。

1.2.1.4　指纹及其分析技术

指纹特征不仅能够准确判别泥沙源区，而且能直接定量不同源区泥沙贡献的比例，是泥沙来源指纹示踪法最为关键的环节。理想的泥沙来源示踪指纹应具备的特点包括：强烈吸附在土壤颗粒上，不随土壤侵蚀产沙过程发生形态变化和损失；易于测试和分析，具有高敏感性；分析过程简单且测试成本低，不受高精度仪器限制；土壤中背景值浓度低且环保；不易被植被吸收等特征（Zhang et al.,2001）。通常用于示踪泥沙来源的指纹主要包括磁性矿物（Rowntree et al.,2017；Walden et al.,1997）、重金属（Blake et al.,2012）、土壤理化性质（Stone et al.,1992；王晓，2001）、稳定同位素和有机组分（Douglas et al.,1995；McKinley et al.,2013；张信宝等，2005）、稀土元素（Kimoto et al.,2006；肖海等，2014）、核素（Huisman et al.,2013；文安邦等，2003）和土壤物理性质（Homann et al.,2004）等。磁性矿物是比较常用的示踪因子，成土环境、土壤发育程度、土壤母质和土壤粒级分配均影响土壤颗粒的磁性，保存性强（张风宝等，2005）。剥蚀、搬运和沉积过程中土壤磁性相对比较稳定，能反映土壤侵蚀的空间分布，可以用来判别泥沙源区。土壤含有多样的化学元素，主要受成土环境和过程、地质构造和人类活动的影响。随着现代测试技术的飞速发展，可测试土壤中数十种化学元素。自然环境中化学元素的组成相对稳定，使得侵蚀泥沙携带泥沙源区的属性，其空间分布反映了流域侵蚀产沙的现状。核素，如^{137}Cs、^{210}Pb、^{7}Be、^{226}Ra 等强烈吸附于土壤颗粒表面，不易被淋溶或被植被摄取（Evans et al.,1966；Schulz et al.,1960），是应用最为广泛的示踪因子。稳定同位素和有机组分主要通过地表枯枝落叶和土壤微生物分解存在于土壤，反映了泥沙源区植被类型和土地利用/措施，是判别以植被覆盖或土地利用为基础划分泥沙源区的有效指纹。颜色、粒径和矿物形状等土壤物理性质同样广泛应用于识别泥沙源区，但这些泥沙属性在侵蚀、搬运和沉积过程中容易发生变化，稳定性较低（Collins et al.,2004），对泥沙贡献比例定量结果影响较大，所以应用较少。

早期研究通常依靠单个指纹对泥沙的迁移进行示踪。随着研究的深入，发现很多时候单个指纹不能有效区分不同的泥沙源区，具备时空局限性和不确定性。指纹特征的时空分布受流域自然因素和人类活动的影响具有明显的空间分异，泥沙源区的数量增多时，少数指纹特征不能在泥沙源区间表现出显著差异性，从而失去判别能力。土壤侵蚀、泥沙迁移路径和方式的不确定性也会降低单个指纹的示踪能力。指纹在泥沙中保存性能的差异和判别泥沙源区能力的差异，使得不同元素示踪的结果差异较大，可比性较差，降低了单因子判别结果的准确度和可信度。随着流域潜在泥沙源区数量的增加，为了满足获得足够多的指纹，很多相关的分析技术，如电感耦合等离子体质谱（ICP-MS）、电感耦合等离子体发射光谱仪（ICP-ES）和X-射线荧光光谱分析仪（XRF）等应用于指纹示踪法。泥沙来源复合指纹示踪法由此兴起，并在英国（Collins et al.,2013；Walling et al.,2008）、澳大利亚（Wallbrink et al.,1998）、加拿大（Krishnappan et al.,2009）、日本（Mizugaki et al.,2008）、伊朗（Haddadchi et al.,2014）、巴西（Franz et al.,2014）等国家得到了成功应用。

1.2.1.5 指纹筛选

理想的泥沙来源示踪指纹，应在同一泥沙源区内表现出浓度的相对一致性，在不同泥沙源区间表现出显著的差异性。在众多测试的示踪因子中筛选出能够有效判别不同泥沙源区的指纹非常重要，直接关系着最终计算结果的准确性。通常筛选最优复合指纹的统计学方法有3种：多元逐步判别分析、主成分分析、非参数检验和多元逐步判别分析的结合应用。其中Walling（1995）和Collins et al.（1997）经过多年研究提出非参数检验和多元逐步判别分析结合应用的方法，筛选复合指纹效果最佳（Palazon et al.,2017），并在后续研究中得到了广泛的应用（Blake et al.,2012；Le Gall et al.,2017；Stone et al.,2014）。泥沙来源指纹示踪法的指纹筛选过程，首先去除非保存性（Non-conservative）指纹。泥沙样品中指纹浓度大于或小于各泥沙源区相应指纹浓度的最大值或最小值，视为该指纹浓度在坡面侵蚀产沙、汇流、混合、搬运和沉积等一系列流域侵蚀产沙过程中形态不稳定、保存性差，将其剔除。统计方法是当前筛选最优复合指纹的主要途径，降低了指纹引入模型过程中的盲目性和随意性，减少了计算结果的不确定性，增强了指纹的泥沙源区判别准确度。但也有研究表明，指纹的判别能力与估算沙源贡献比例没有必然的联系，最优复合指纹不能简单地以判别泥沙源区的能力为依据进行筛选。研究利用多种复合指纹组合计算泥沙贡献比例，发现具有基本相同判别能力的复合指纹估算出的结果不同，推断可能不存在最优复合指纹（Zhang et al.,2016）。因此，这方面的相关研究还有待进一步深入。

1.2.1.6　定量模型

由于泥沙来源指纹示踪法是基于判别性、保存性和线性叠加性等重要假设，可能与实际情况存在一些差别，即各示踪指纹可能存在时空变异、发生沿程形态转变、线性叠加假设不一定全部满足、泥沙源区土壤与沉积泥沙间的联系不明确、各泥沙源区的土壤是否具备代表性等不确定性因素，均会影响拟合结果的准确性和模型的适用性。加之流域地表侵蚀、坡面泥沙搬运与沿程混合、河道泥沙输移与沉积分选等过程复杂多变，故泥沙来源复合指纹示踪研究需要开展相关不确定性分析和模型校正。

当今，指纹识别法的泥沙来源计算模型主要分为多元线性混合模型、Bayesian 模型和 DFA 模型等。其中，多元线性混合模型的应用相对比较早，发展迅速，应用也最为广泛。Walling et al.（1993）和 Collins et al.（1997）提出系统的多元线性混合模型，即 Walling-Collins 模型。受制于泥沙来源指纹示踪法的保存性、可判别性等假设条件，泥沙贡献比例的计算结果存在不确定性。为了降低计算结果的不确定性，提高准确性，先后在模型中加入粒径校正因子、有机质校正因子、指纹的组间差异性权重和判别能力权重（Collins et al.,2010；2012）等。但后续的研究发现，一些校正因子会导致对模型的过分优化，额外的权重引起了计算结果的偏倚，从而不适合引入模型中（Zhang et al.,2016）。以 Walling-Collins 模型为蓝本，后续出现了各种不同结构的多元线性混合模型。Olley et al.（2000）提出一种多元混合线性模型，后来由 Hughes et al.（2009）进行了修正和改进，称为 Hughes 混合模型，并成功定量了澳大利亚昆士兰州中部菲茨罗伊河流域的 Theresa Creek 流域过去 250 年间泥沙来源变化。Hughes 混合模型的特点是在迭代计算过程中不使用均值或标准差考虑泥沙源区指纹特征的不确定性，而是直接使用实测值。Devereux et al.（2010）提出了 Landwehr 模型，并计算出阿纳科斯蒂亚河流域中一个城市子流域的泥沙来源。该模型中考虑了指纹特征的方差和泥沙源区土壤样品的数量对计算结果的影响，比较适用于指纹浓度低的情况。Laceby et al.（2015）提出了 Distribution 混合模型，该模型在蒙特卡洛模拟抽样过程中考虑了泥沙源区指纹之间的相关性，计算过程是以变量分布的形式进行。Franks et al.（2000）率先尝试使用 Bayesian 统计学原理计算泥沙贡献比例的不确定性，随后被 D'Haen（2013）和 Nosrati et al.（2014）应用，定量了土耳其 Büğdüz 流域和伊朗 Hiv 流域的泥沙贡献比例。各多元线性混合模型的基本情况如表 1-1 所示。

表 1-1　多元混合线性模型

模型	方程	解释
Walling-Collins	$E = \sum_{i=1}^{m}\{[C_i - (\sum_{s=i}^{n} P_s S_{s,i})]/C_i\}^2$	式中，C_i为泥沙中指纹 i 浓度，P_s为源地 s 的相对产沙率，$S_{s,i}$为源地 s 中指纹 i 平均浓度，n 为指纹数，m 为泥沙源地数，$i=1$，2，…，n，$s=1$，2，…，n，$m \leqslant n$
Hughes	$E = \sum_{i=1}^{n}[(\sum_{l}^{1\,000}\sum_{j=1}^{m} X_j S_{i,j,k,l}/1\,000 - C_i)/C_i]^2$	式中，X_j 为源地的相对产沙率，$S_{i,j,k,l}$ 为物源样品中指纹的浓度，i 为指纹分类，j 为物源分类，k 为样本数量，l 为迭代次数。C_i为泥沙中指纹浓度
Distribution	$E = \sum_{i=1}^{n}[DC_i - (\sum_{j=1}^{m} DS_{i,j}DX_j)/DC_i]^2$	式中，$DS_{i,j}$为指纹（i）在物源（j）中的学生 t－分布，DC_i 为泥沙中指纹（i）的正态分布。DX_i为物源泥沙贡献比（X_j）的正态分布
Landwehr	$E = \sum_{i=1}^{n} \mid C_i - \sum_{j=1}^{m} X_j S_{i,j} \mid / \sqrt{\sum_{j=1}^{m} X_j^2 (VAR_{i,j}/K_i)}$	式中，n 为指纹数量，m 为物源数量，$S_{i,j}$ 与 $VAR_{i,j}$ 分别是物源（j）中指纹（i）的均值和方差，K_j 为泥沙源区（j）面积，X_j为物源贡献比
Motha	$E = \sqrt{\dfrac{\sum_{i=1}^{n}(C_i - \sum_{j=1}^{m} X_j S_{i,j})^2}{n}}$	式中，n 为指纹数量，m 为物源数量，$S_{i,j}$ 物源（j）中指纹（i）的均值，X_j 为物源贡献比
Slattery	$E = \sum_{i=1}^{n}(\sum_{j=1}^{m} X_j S_{i,j} - C_i)^2$	式中，n 为指纹数量，m 为物源数量，$S_{i,j}$ 物源（j）中指纹（i）的均值，X_j 为物源贡献比

1.2.1.7　不确定性分析

泥沙来源指纹示踪法的不确定性分析是近几年研究关注的焦点。不确定性主要来源于该方法的判别性和保存性假设，通过指纹浓度的单一值（均值或中位数）和模型的优化计算过程体现在泥沙贡献比例定量结果当中。泥沙来源指纹示踪法是以有限样本量测试的指纹浓度单一值代表泥沙源区的客观特征，用于计算泥沙贡献比例。但由于流域下垫面的空间复杂性，使各泥沙源区的指纹特征存在空间差异，且泥沙在搬运和迁移过程中指纹发生形态变化，影响了泥沙贡献比例的定量结果。因此，泥沙源区土壤和沉积泥沙的指纹之间关系复杂，来自泥沙源区的泥沙混合不均匀，不能满足指纹浓度的线性叠加假设条件，单一值的代表性不切实际情况，给计算结果带来了不确定性。为明确表示各泥沙源区指纹浓度的差异性，使用统计学分布描述泥沙源区指纹浓度的不确定性，模型计算过程中引入蒙特卡洛模拟抽样技术

（Monte Carlo sampling），将不确定性体现在最后的计算结果当中。蒙特卡罗方法，又称为随机抽样，每次指纹浓度的随机样本可以落在其输入范围内任何位置，但迭代次数少的时候，有聚集的缺点，可能导致整个模拟抽样结果都是错误的。分层抽样技术可以避免抽样聚集现象，如拉丁超立方抽样技术（Latin hypercube sampling）可代替简单的蒙特卡洛抽样技术。拉丁超立方抽样技术的关键是对输入概率分布进行分层，通过较少的迭代抽样次数，准确地重建输入分布。分层抽样是指将累计概率曲线分成相等的区间后，从每个分层区间进行随机抽样。假设在 n 维向量空间里抽取 m 个样本，首先将每一维分成互不重叠、概率相同的 m 个区间；然后在每一维的每一个区间中随机抽取一个样本；最后再从每一维里随机抽取上一步骤中选取的样本，将其组成向量（图 1-5）。

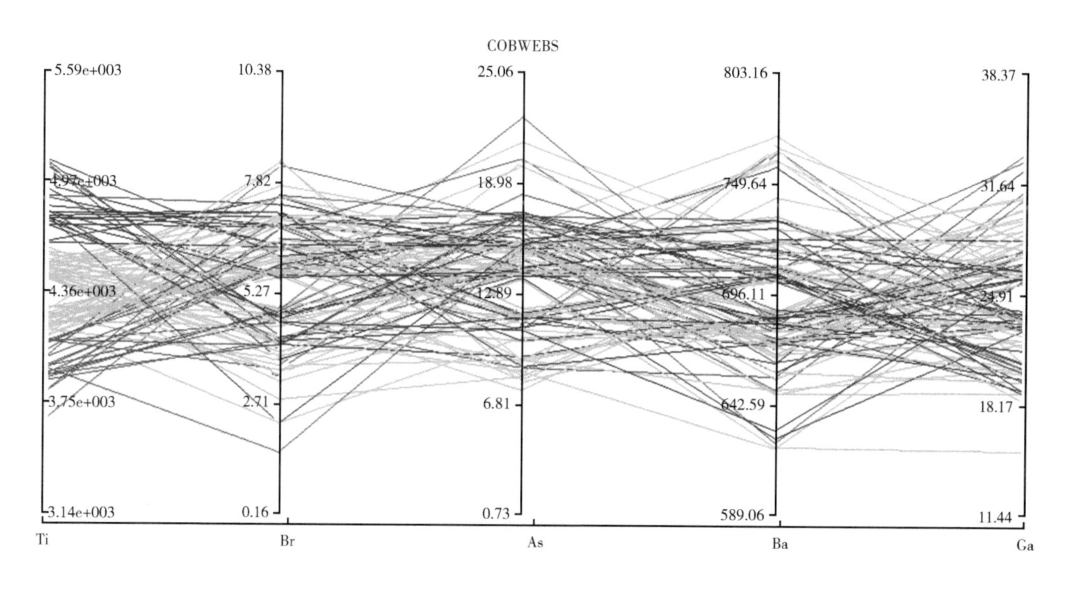

图 1-5　拉丁超立方抽样模拟

1.2.1.8　优化计算

泥沙来源指纹示踪法的指纹数量一般要大于或等于泥沙源区的数量，多元混合方程的计算结果有无数个解，需计算最优解。计算最优解的方法很多，常见的有规划计算和最小二乘法，但非常容易产生局部最优解，或无法保证获得的结果是否是全局最优解。为提高计算结果准确度，本研究采用遗传算法（Genetic Algorithm，GA）计算目标函数，并确保获得全局最优解。

遗传算法是基于优胜劣汰、适者生存的机制，模拟了达尔文生物进化论的自然选择。算法先对种群进行基因编码（二进制转化），并通过一系列的遗传操作对种群的个体进行适宜度评估，经过循环迭代，搜索全局最优解。遗传操作包括选择（Selection）、交叉（Crossover）与变异（Mutation）3个基本算子。选择算子是通过适宜度评估规则判断优劣个体，优质个体可以直接遗传到下一代，而劣质个体就要淘汰，这就是该算法的优胜劣汰原则。交叉算子作为遗传算法的核心，根据交叉率随机交换种群中两个个体某部位的基因，发展成新个体，提高遗传算法的搜索范围和能力。而变异算子是对种群中个体基因的某部位随机发生变动，形成新的个体和种群。反复的遗传炒作循环过程，使种群及其个体的适宜度不断提高，最终到达预设的阈值，停止算法，其算法过程和迭代优化计算过程如图1-6和图1-7所示。与传统的优化算法不同，遗传算法搜索最优解的范围更大，可同时评估和处理多个个体，提高搜索效率，减少出现局部优化的概率，通过有限的迭代次数就能搜索到全

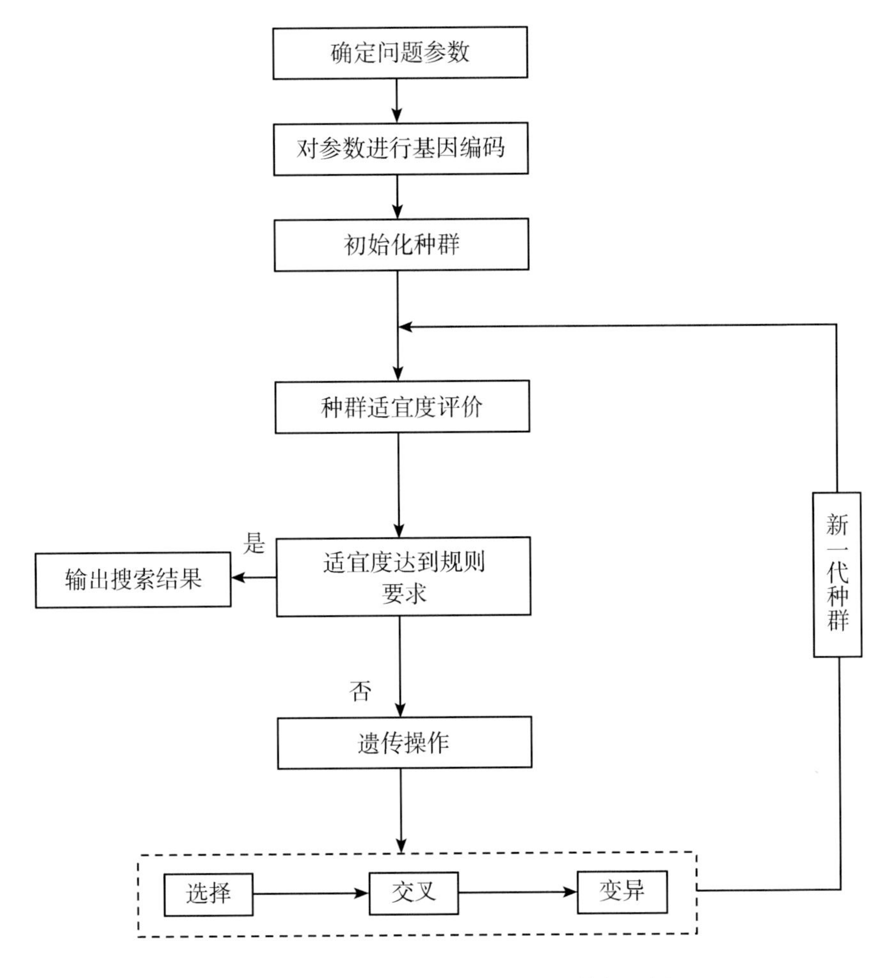

图1-6　遗传算法搜索全局最优值的循环过程

局最优解。遗传算法仅通过适宜度评估和遗传操作就能完成，不需要操作者了解搜索空间知识或其他任何信息。况且，适宜度评估函数不受其他条件的约束，可以任意设置或选择，最优解的搜索方向无规则，这也是遗传算法适用于各种研究领域的主要原因。

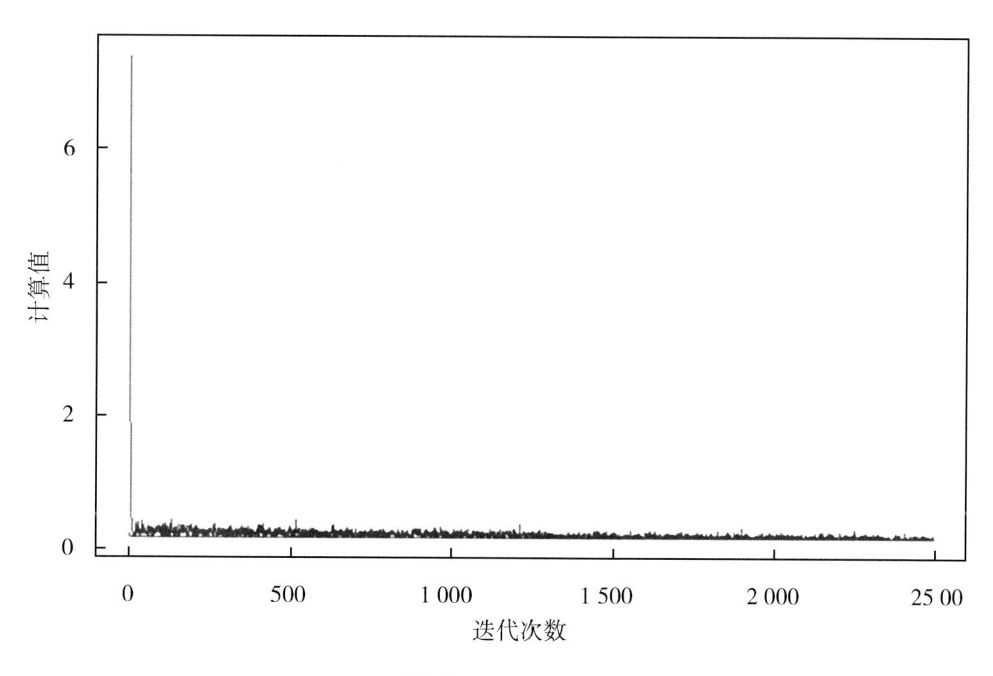

图 1–7 遗传算法的优化计算迭代过程

20 世纪 40 年代就有学者对生态系统进行计算机模拟研究。1967 年，“遗传算法”一词由 J. D. Bagley 博士提出。但首次把遗传算法用于优化函数是由 R. B. Hollstien 博士在他的博士论文中实现。1975 年，J. Holland 教授出版专著《Adaptation in Natural and Artificial Systems》，并系统地阐述了遗传算法的基本理论、方法和模式，这标志着遗传算法的诞生，它逐渐为人所知。同年，K. A. De Jong 在博士论文《Ananalysis of behavior of a class of genetic adaptive system》中将计算实验与遗传算法结合，并系统化了选择、交叉和变异等 3 个算子，为以后遗传算法的发展建立了坚实基础。20 世纪 80 年代，遗传算法得到了迅速的发展，并成功应用于许多研究领域。1989 年，D. E. Goldberg 在专著《Genetic Algorithms in Search，Optimization，and Machine Learning》中系统论述了遗传算法解决机器学习研究的成果。同年，Koza 实现利用计算机程序表达了研究问题的遗传算法。之后遗传算法在应用研究中格外活跃，特别是与神经网络、模糊推理、混沌理论、进化规划和进化策略等智能计算方法相互结合并渗透，成功解决了许多自动化系统、人工生命、图像处理、计算机科学、商业经济等领域的复杂问题。

据中国知网文献统计，我国关注遗传算法的时间较晚。赵改善（1992）首次运用遗传算法研究非线性最优化问题，进行地球物理反演（秦国华等，2015）。自2001年开始，国内遗传算法应用研究发展迅猛，到2006年后发展基本处于平稳趋势（图1-8）。遗传算法凭借自身运算优点，应用到自动化技术（李楠等，2012）、计算机软件及计算机应用（熊聪聪等，2012）、电力工业（肖曦等，2014）、电信技术（孙思扬，2011）、数学（燕乐纬等，2011）、宏观经济管理与可持续发展（肖剑等，2007）、公路与水路运输（于海璁等，2014）、建筑科学与工程（陆海燕，2009）、航空航天科学与工程（丁玲等，2014）、机械工业（孙全颖等，2015）、金属学及金属工艺（秦国华等，2015）、互联网技术（张成文等，2006）等学科领域。英国埃塞科特大学 Collins et al.（2010）首次将遗传算法应用到泥沙来源指纹示踪法当中，发现该算法与局部优化相比明显改善目标函数的最小化，并一直应用到至今。

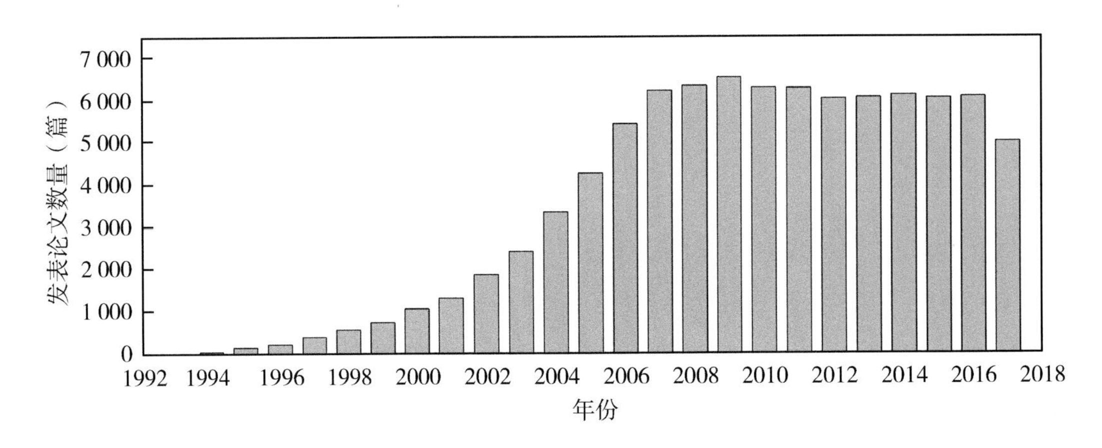

图1-8　中国有关遗传算法研究的论文发表数量

1.2.1.9　指纹示踪法在国内的应用

指纹示踪法在避免涉及土壤侵蚀过程的前提下，联系了土壤侵蚀和泥沙输移，能够定量描述各潜在泥沙源区对流域产沙的相对贡献比例。指纹示踪法定量泥沙来源的时间尺度主要集中在多年或单次降雨事件（Poulenard et al.,2012；Walling et al.,2008）。空间尺度主要为小流域尺度，部分见于大中流域尺度（Collins et al.,1996；Walling et al.,1999）和坡面尺度（郑良勇等，2012）。一个完整的侵蚀沉积过程一般以泥沙在湖泊、水库的永久沉积作为最终环节。沉积在河床（沟道）、河漫滩或其他低洼处的泥沙则容易发生二次侵蚀，从而重复多个侵蚀沉积过程。已有研究中，用于确定泥沙来源的样品多在流域出口处（湖泊、水库、淤地坝）或河漫滩，将河（沟）岸下层物质作为潜在泥沙源区之一进行分析（Fang，2015）。但具体针对河床或沟道沉积泥沙的来源研究仅有零星报道（Collins et al.,2007）。

具体到我国，20 世纪 50 年代，黄河水利委员会泥沙研究所通过大量水文站输沙量的监测数据粗略地分析了黄河的泥沙来源（黄河水利委员会泥沙研究所，1952）。随后近 50 年，我国研究泥沙来源的手段主要是大面积调查、径流小区和典型小流域观测资料分析相结合的方法（陈永宗，1988；龚时旸等，1979；蒋德麒等，1966；刘万铨，1996）。20 世纪末，我国开始采用泥沙来源指纹示踪法，研究区域主要集中在黄土高原（Jia et al.,2013；文安邦等，1998；杨明义等，2010）、长江上游（郭进等，2014；文安邦等，2000；张信宝等，2004）等地，零星研究见于崩岗区（林金石等，2011）、长江下游（常维娜等，2014）、整个长江流域（He，1993）等地，而对东北黑土区的应用研究报道很少，基本处于空白，对该区的类似研究还有待发展。

1.2.2　泥沙沉积速率及其测年研究

在黄土高原，每次暴雨后，泥沙源区的地表土壤以沉积旋回为单元保存于聚湫、淤地坝或水库，形成沉积物序列，为流域的侵蚀事件、水文事件和土地利用变化提供高分辨率的时间信息。每层沉积物序列，是通过分选作用形成上部细颗粒和下部粗颗粒的两层结构。沉积旋回的形成主要受暴雨的强度和频率的影响，即流域的侵蚀模数大的时候，形成厚的沉积旋回，肉眼可见，易于识别，可为年际划分提供依据。然而，在有些地区受土壤侵蚀和土壤机械组成的影响，沉积物的粗颗粒和细颗粒之间没有明显的分界线，难以使用肉眼识别，不能为流域土壤侵蚀过程和历史提供时间序列，需要寻找其他方法。

近几十年来，放射性同位素的测年法发展很快。其中，^{137}Cs 和 ^{210}Pb 本着自身的沉降特性和理化性质，两者在水库沉积物的垂直分布，与大气的 ^{137}Cs 和 ^{210}Pb 沉降时间形成对应关系，可为测定泥沙沉积年代和泥沙沉积速率提供依据。

1.2.2.1　^{137}Cs 应用

^{137}Cs 是人工放射性核素，来源于大气核试验及核事故，通过大气扩散沉降至陆

地和水体。20 世纪 70 年代初，已有许多研究报告指出，沉积物中^{137}Cs的垂直分布与其大气沉降时间形成对应关系，可用于推断泥沙的沉积时间和度量泥沙沉积速率（Krishnaswamy et al.,1971；Pennington et al.,1973；Ritchie et al.,1973）。^{137}Cs半衰期较长（30.2a），且容易测得，在泥沙沉积测年领域中应用广泛。^{137}Cs分布提供的独立时标有：第一，采样年份，即与水库沉积物剖面最顶层对应的时间。第二，1954 年，即沉积泥沙中，能探测到^{137}Cs最早的年份。然而，该年^{137}Cs的沉降量少，沉积层的^{137}Cs活度较低，再经过 60 多年的衰变，活度明显下降，仅存沉降时的 25%，很难探测到其在沉积剖面中的准确位置，确定 1954 的泥沙沉积层往往受到限制。第三，1963 年，即大气^{137}Cs沉降量最大的年份，在剖面中，其峰值对应于 1963 年的沉积泥沙。也有研究考虑到沉积滞后的影响，将^{137}Cs的峰值与 1964 年对应。世界各地探测到的^{137}Cs起始年份和峰值年份有所差异，并不完全一致。第四，1986 年，即受切尔诺贝利核泄漏事故的影响，有些地区的沉积物中可探测到另一个^{137}Cs峰值，对应着 1986 年的沉积泥沙。但能甄别出该年份的地区较少，在部分欧洲地区可探测得到（Zhang et al.,2015）。除以上 4 个独立时标之外，局部地区的地上核试验会在该区的泥沙沉积层中形成其他辅助时标，有助于提高泥沙沉积的时间分辨率。例如，非条约国的地上核试验（1971 年和 1975 年）和中国核试验（1976 年），均有在沉积物剖面中形成峰值的报道（Ritchie et al.,1990；万国江等，1990；张燕等，2005）。20 世纪 80 年代，万国江将^{137}Cs相关技术和研究成果引进国内（万国江等，1985；万国江等，1986），得以成功应用和推广（白占国等，1997；何永彬等，2009；潘少明等，1997；王文博等，2008；徐经意等，1999；张淑蓉等，1993；张信宝等，2007）。利用以上^{137}Cs提供的时标，可进一步计算沉积物的年均沉积厚度 sd，计算公式如下。

$$sd = \frac{\triangle h}{\triangle t} = \frac{\triangle h}{t_2 - t_1} \tag{1-1}$$

式中，t_1 为起始年份；t_2 为终止年份；$\triangle h$ 为 t_1 至 t_2 间隔对应的泥沙沉积厚度。

1.2.2.2 ^{210}Pb 应用

与^{137}Cs不同，^{210}Pb是天然放射性元素，半衰期为 22.2 年。具体来讲，当气体放射性元素^{222}Rn脱离岩石圈而进入大气圈后，由它衰变而成的^{210}Pb便存在于大气圈中。^{210}Pb在大气圈中滞留的时间很短，被雨水和冰雪带下来，沉降在海水、河水、湖水与空气交界面上。之后与水体中溶解^{222}Rn衰变形成的^{210}Pb一起吸附在微小颗粒的悬浮物上，逐渐沉积在底部，构成了过剩^{210}Pb（$^{210}Pb_{ex}$）。此外，沉积物本身同样含有铀系子体^{226}Ra衰变形成的^{210}Pb，并且处于与母体放射性平衡状态。因此，$^{210}Pb_{ex}$是由测试的^{210}Pb总放射性比度（$^{210}Pb_{总}$）减去沉积物中^{226}Ra衰变形成的^{210}Pb（$^{210}Pb_{ex}={}^{210}Pb_{总}-{}^{226}Ra$）。沉积剖面中$^{210}Pb_{ex}$的衰变过程，为沉积物年龄和沉积速率计算提供依据。美国学者 Goldberg 率先总结出，^{210}Pb可测近百年的泥沙沉积速率（Goldberg，1963），促使^{210}Pb测年法问世。随后，^{210}Pb测年法广泛地应用到测定河漫滩（He et al.，1996）、湖底（Binford，1990；Reilly et al.，2011；Oldfield et al.，1984；Robbins et al.，1975）和海底（Kunzendorf et al.，1998；Mažeika et al.，2004）的沉积物，甚至应用到冰雪（Crozaz et al.，1966；Crozaz et al.，1964）的沉积年龄和沉积速度的计算。通常有以下 3 种^{210}Pb测年模型。

（1）CFCS（稳定通量、稳定沉积速率）模型

$$\ln C_i = \ln C_0 - \left(\frac{\lambda}{r}\right) \times m_i \qquad 1\text{-}2$$

式中，C_i为第 i 层$^{210}Pb_{ex}$的放射性比度（Bq/kg）；C_0为水与泥沙交界面$^{210}Pb_{ex}$的放射性比度（Bq/kg）；λ 为衰变常数（0.031 18 a）；r 为沉积速率[kg/(m^2·a)]；m_i为到第 i 层的累计质量深度（kg/m^2），第 i 层的沉积年份通过 m_i/r 获得。

（2）CIC（稳定初始放射性通量）模型

$$t = \frac{1}{\lambda} \times \ln \frac{C_0}{C_i} \qquad 1\text{-}3$$

CIC 模型通过上述公式获得第 i 沉积层的年份。

（3）CRS（稳定沉积通量）模型

$$t = \frac{1}{\lambda} \times \ln \frac{A_0}{A_i} \qquad 1\text{-}4$$

式中，A_0为所采集土壤剖面样本的$^{210}Pb_{ex}$总量（Bq/m^2）；A_i为第 i 层以下土壤剖面样本的$^{210}Pb_{ex}$总量（Bq/m^2）。

^{210}Pb测年法是在沉积物为一个封闭的系统、沉积物中的^{210}Pb不发生再次迁移、过剩^{210}Pb可通过沉积物中总^{210}Pb放射性比活度减去^{226}Ra比活度求出等假设条件下使用。然而受沉积物表层混合作用和 Rn 丢失的影响，^{210}Pb测年法的结果有不确定性，较^{137}Cs法结果偏低（万国江，1995）。因此，^{137}Cs法与^{210}Pb测年法通常同时应用与测定沉积物的年龄和沉积速率（Robbins et al.，1975；Zhang et al.，2015；柴社立等，2013；夏威岚等，2004；徐经意等，1999；张淑蓉等，1993）。

第 2 章　研究区概况与研究方法

2.1　研究区概况

鹤北小流域（下称小流域）及其内部 2 号小流域（下称微小集水区）位于黑龙江省嫩江县鹤山农场，在东经 125°15′45.71″~125°20′46.79″，北纬 48°59′3.3″7~49°02′35.7″，是东北黑土区具有典型代表性的小流域（图 2-1）。小流域总面积为 27.6 km^2，内含 9 个子流域，以主沟道为分界线，主沟道以西有 1 号、2 号、3 号、4 号，共 4 条子流域；主沟道以东有 5 号、6 号、7 号、8 号、9 号，共 5 条子流域。流域内侵蚀沟发育活跃，主沟道由北向南倾斜，总长约为 7 827 m。流域海拔高度范围为 312.0~388.5 m，相对高差<100 m，地形起伏较小，坡度一般为 1°~6°。为合理利用水资源，满足当地居民的生活用水和农业灌溉要求，1976 年在小流域出口处修建了水库。目前，水库的水域面积为 0.26 km^2，库容约为 2 775 000 m^3，大坝长为 570 m。由于水库常年蓄水，沉积泥沙没有被自然因素或人为活动所扰动。微小集水区位于小流域内以西，总面积约为 3.5 km^2。微小集水区地形起伏不大，海拔高度范围为 321~373 m，坡长且缓，坡度一般为 1°~3°。1974 年微小集水区出口处修建水库，但为了开展径流泥沙监测，2004 年将水库坝体拆除，改建为把口站。

研究区地处我国东部季风气候区北段，属于寒温带大陆性半湿润气候区，冬季漫长寒冷，生长季短，与夏季温差较大。1 月和 7 月平均温度分别约为-22.5 ℃和 20.8 ℃，年均气温约为 0.4 ℃，温度最高可达 37 ℃，最低至-43 ℃。由于温度低，蒸发弱，气候湿润。全年降水量为 500~550 mm，降雨主要集中在 6—8 月，占全年降水量的 60%~70%。11 月至翌年 2 月，降雪集中，约占全年降水量的 15%。3 月中旬至 4 月上旬，温度逐渐上升，积雪迅速融化，形成融雪径流。5 月下旬至 9 月中旬为无霜期，持续 115~120 d。

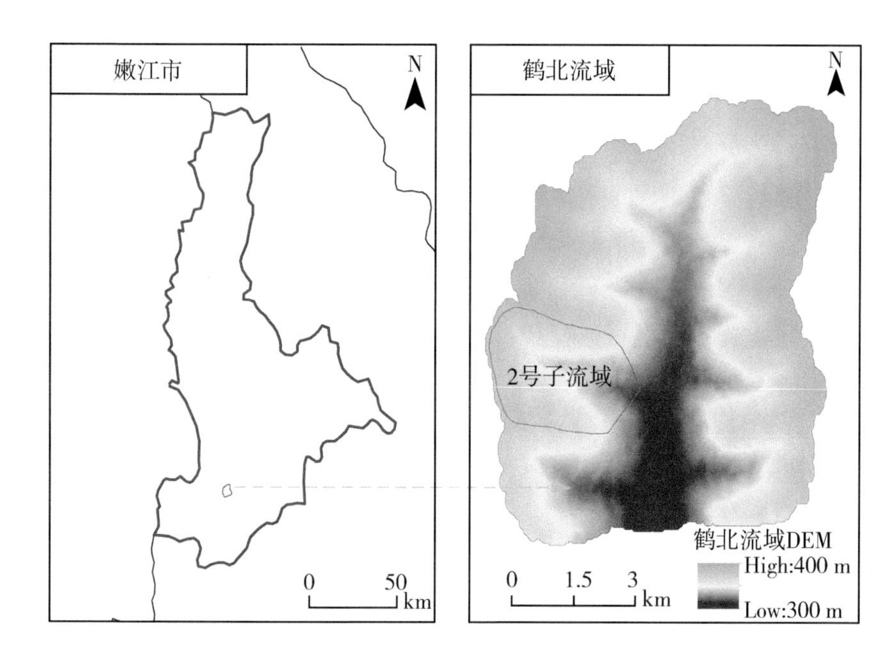

图 2-1　研究区地理位置

融雪侵蚀是东北黑土区特殊的侵蚀类型，主要发生在春季解冻期。随初春气温上升，11 月至翌年 2 月的积雪开始融化，形成融雪径流。根据东北黑土区 93 个气象站 1961—1990 年逐日气温、降水和积雪深度资料，计算得到融雪输沙模数占全年输沙模数的 5.8%~27.7%（焦剑等，2009），说明降雨是研究区土壤侵蚀的主要驱动力，但融雪侵蚀同样不容小觑。

研究区土壤主要以黑土为主，大部分土地已被开垦利用，主要种植大豆［*Glycine max*（L.）Merr.］和玉米（*Zea mays* L.）。耕地面积占流域总面积的 67.2%，其次为林业（包括防护林和自然林）和牧业用地，分别占总面积的 11.8%和 10.8%，居民点和道路用地分别占 2.0%和 1.6%，剩余部分为水面、园地、工矿及未利用土地。而微小集水区耕地占总面积的 92.8%，其余为林地占 4.3%、草地占 1.7%、居民点占 1.2%。

2.2　样品采集及处理

2.2.1　样品主要类型

泥沙来源研究样品主要包括泥沙源区土壤样品和沉积区泥沙样品。

2.2.1.1 泥沙源区土壤样本

使用环刀（深度为5 cm，直径为7.5 cm）采集耕地和非耕地0~5 cm深的表层土壤。为降低各泥沙源区内指纹特征的空间变异，增加样本代表性并保证样品满足测试要求，以采样点为中心的2 m半径范围内重复采集3个子样品，然后进行混合处理，保证单样品重量≥500 g。侵蚀沟的土壤样品使用小铲子采集距表层30 cm以下的整个剖面混合样，以确保样品采集于B、C层。

2.2.1.2 沉积区泥沙样本

泥沙沉积剖面可以人工挖取或使用活塞式柱状沉积物采样器。沟底的沉积泥沙样品使用小铲子采集。本研究泥沙样本包括：人工混合泥沙，沟底沉积泥沙，小流域出口处水库的泥沙沉积剖面，微小集水区出口处水库的泥沙沉积剖面，降雨侵蚀和融雪侵蚀的径流泥沙。

2.2.2 采样准备

开始野外工作之前，收集研究区已有资料，如DEM、遥感影像、土地利用类型、地方资料和历史降雨侵蚀数据等，为确定流域内主要泥沙源区、布设采样点和解释泥沙来源特征提供依据。2016年5月进行野外调研，发现研究区的侵蚀沟发育活跃。因此，以土壤剖面的空间分布和土地利用方式作为分类依据，将流域主要潜在泥沙源区分为3个，分别是2个表层泥沙源区（耕地、非耕地）和1个底层泥沙源区（侵蚀沟）（图2-2）。

图2-2 研究区耕地、林地、草地和侵蚀沟现状

2.2.3　泥沙源区采样点布设方案

泥沙源区土壤样本包括：小流域泥沙源区样本和微小集水区泥沙源区土壤样本。

2.2.3.1　小流域

小流域由 9 个子流域组成，将每个子流域的耕地划分为 3 个坡面，沿地貌样线在每个坡面的坡上、坡中、坡下各采集子样品，然后进行混合处理，以降低各泥沙源区内指纹特征的空间差异，增加样本的泥沙源区代表性。在每个子流域的非耕地均匀布设 3 个采样点，在每个采样点附近重复采集 3 个子样品，然后进行混合处理。在每个子流域的主沟道分别布设 3 个侵蚀沟壁采样点，使其均匀分布。其中耕地、非耕地和侵蚀沟壁的采样点数量分别是 27 个、18 个和 24 个，共 69 个（表 2-1）。

表 2-1　小流域、微小集水区的泥沙源区采样点数量　　单位：个

研究对象	耕地	非耕地	侵蚀沟	总数量
小流域	27	18	24	69
微小集水区	25	19	27	71

注：4 号、5 号、9 号子流域无林地，3 号子流域无切沟。

2.2.3.2　微小集水区

使用 ArcGIS10.2 的网格法布设泥沙源区的采样点，其中 25 个采集于耕地，19 个采集于非耕地，27 个采集于侵蚀沟，共 71 个（表 2-1）。耕地为研究区的主要土地利用类型，占地面积最大，所以布设采样点时，密度稍为稀疏（400 m×250 m）。相比之下，林地和草地的占地面积较小，所以适当增加了采样点的密度（约 80 m×25 m）。而侵蚀沟则沿着沟蚀线每隔约 40 m 采集一个样品。

2.2.4　沉积泥沙采样点布设方案

人工混合泥沙：用于模型验证的泥沙是由泥沙源区土壤人工混合而成。

沟底沉积泥沙：沿着小流域 1 条主沟道和 9 条支沟的沟底采集。主沟道采集 5 个，支沟采集 25 个，使采样点均匀分布，共采集泥沙沉积样品 30 个。

小流域水库泥沙沉积剖面：在水库的不同位置采集 6 个泥沙沉积剖面。其中 4

个剖面是沿着大坝的垂直中分线每隔约 120 m 进行采集，另外 2 个采集于水库的东西两侧。

微小集水区水库泥沙沉积剖面：在废弃的水库中心，人工挖取 1 个泥沙沉积剖面。

径流泥沙：一是微小集水区出口处把口站 2011—2015 年的 10 次产流过程（6 次降雨径流和 4 次融雪径流）收集的泥沙；二是在微小集水区出口处，以 1 h 为间隔采集融雪侵蚀的径流泥沙。

2.2.5 样品测试

样品主要包括两类：一是泥沙源区土壤样品；二是沉积区泥沙样品。采集的样品搬运至九三水土保持试验站，并自然风干。而小流域水库的泥沙沉积剖面采集于冬季，无法自然风干，在 40 ℃条件下使用烘箱烘干。

2.2.5.1 ^{137}Cs

自然风干的泥沙源区土壤样品与烘干的泥沙沉积样品过 2 mm 土壤筛，并混合均匀。在北京师范大学地理科学学部实验室，将用于测试^{137}Cs含量的泥沙源区土壤样品约 350 g 装入测试盒（深度为 6.5 cm，直径为 7.0 cm），且用胶带密封待测。而泥沙沉积样品较少，将约 15 g 的泥沙样品装入 10 mL 的离心管内。采用低能量、低本底多道 γ 能谱仪，根据 661.6 keV 谱峰面积求算^{137}Cs的质量活度。为在 95%置信水平条件下，测试相对误差控制在±10%，根据核素活性度，每个样本测试时间均超过 80 000 s（图 2-3）。

2.2.5.2 $^{210}Pb_{ex}$

微小集水区的泥沙沉积剖面是人工挖取，可以采集足够量的泥沙样品，满足^{210}Pb的测试要求，用于计算每层泥沙的沉积时间和沉积速率。样品密封 21 d 之后，采用配备 n 型高纯锗探头，低能量、低本底多道 γ 能谱仪测试。^{210}Pb总含量根据 46.5 keV 谱峰面积求算，^{226}Ra含量根据 351.0 keV（^{214}Pb）谱峰面积求算。而$^{210}Pb_{ex}$含量是通过^{210}Pb总含量与^{226}Ra含量的差值求得。根据核素活性度，每个样本测试时间均超过 80 000 s。

2.2.5.3 化学元素

为了保证足够数量的指纹库，测试了不同类型的地球化学元素。所有泥沙源区土壤样品和泥沙沉积样品过 63 μm 土壤筛，称取约 5 g，用硼酸镶边垫底，在 30 t

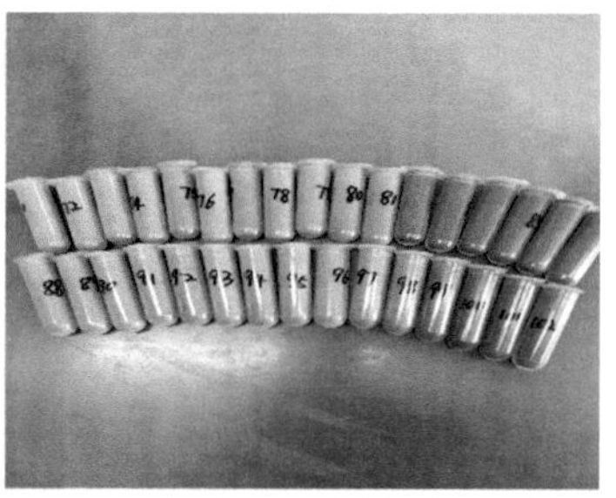

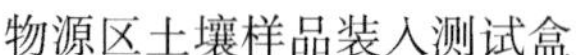

物源区土壤样品装入测试盒　　泥沙沉积样品装入10 mL离心管

γ能谱仪　　测试显示器

图 2-3　放射性同位素测试

的压力下压成镶边内径为 32 mm 的样片放入干燥器中待测。之后，采用 X 射线荧光光谱分析仪，测试土壤样品的 P（磷）、Ti（钛）、V（钒）、Cr（铬）、Mn（锰）、Co（钴）、Ni（镍）、Cu（铜）、Zn（锌）、Ga（镓）、As（砷）、Br（溴）、Rb（铷）、Sr（锶）、Y（钇）、Zr（锆）、Nb（铌）、Ba（钡）、La（镧）、Ce（铈）、Nd（钕）、Pb（铅）、Si（硅）、Al（铝）、Fe（铁）、Mg（镁）、Ca（钙）、Na（钠）、K（钾）29 种土壤养分、微量金属和稀土元素（表 2-2）。

表 2-2　分析测量元素的测量条件

元素	分析线	晶体	准直器（mm）	探测器	滤光片	电压（kV）	电流（mA）	2θ 角（°）	PHA	
									LL	UL
P	KA	Ge111-C	300	Flow	None	30	120	140.98	35	65
Ti	KA	PX10	300	Flow	None	40	90	86.16	28	71
V	KA	PX10	300	Duplex	None	40	90	76.92	30	74
Cr	KA	PX10	300	Duplex	None	40	90	69.35	12	73
Mn	KA	PX10	300	Duplex	None	60	60	62.97	14	72
Co	KA	PX10	150	Duplex	None	60	60	52.8	16	71

（续表）

元素	分析线	晶体	准直器（mm）	探测器	滤光片	电压（kV）	电流（mA）	2θ 角（°）	PHA	
									LL	UL
Ni	KA	PX10	150	Duplex	Al（200）	60	60	48.66	18	70
Cu	KA	PX10	150	Duplex	Al（200）	60	60	45.02	20	69
Zn	KA	PX10	150	Sc.	Al（200）	60	60	41.78	15	78
Ga	KA	PX10	150	Sc.	Al（200）	60	60	38.90	20	78
As	KA	PX10	150	Sc.	Al（750）	60	60	33.99	20	78
Rb	KA	PX10	150	Sc.	Al（200）	60	60	26.59	15	78
Sr	KA	PX10	150	Sc.	Al（200）	60	60	25.12	16	78
Y	KA	PX10	150	Sc.	Al（200）	60	60	23.77	17	78
Zr	KA	PX10	150	Sc.	Al（200）	60	60	22.51	17	78
Nb	KA	PX10	150	Sc.	Al（750）	60	60	21.36	18	78
Ba	LA	PX10	300	Flow	None	40	90	87.18	33	71
La	LA	PX10	300	Flow	None	40	90	82.92	29	70
Ce	LA	PX10	300	Duplex	None	40	90	79.04	27	75
Nd	LA	PX10	300	Duplex	None	40	90	72.12	12	74
Pb	LB1	PX10	150	Sc.	Al（200）	60	60	28.24	15	78
Si	KA	PE002-C	150	Flow	None	30	120	109.03	24	78
Al	KA	PE002-C	300	Flow	None	30	120	144.79	22	78
Fe	KA	PX10	150	Duplex	Al（200）	60	60	57.52	15	72
Mg	KA	PX1	700	Flow	None	30	120	23.19	35	65
Ca	KA	PX10	150	Flow	None	30	120	113.11	32	73
Na	KA	PX1	700	Flow	None	30	120	28.03	35	65
K	KA	PX10	300	Flow	None	30	120	136.68	31	74

注：PHA 为脉冲分析器，LL 为分析下限，UL 为分析上限。

2.2.5.4 机械组成

根据东北黑土颗粒的粗细程度、碳酸钙和有机质的含量，称取约 0.2 g 样品加入烧杯，并注入 10 mL 配置好的双氧水溶液。在通风柜内将加入双氧水溶液的烧杯放到电热板上加热，缓慢反应至溶液变清且无细小气泡产生时，加入 10 mL 配置好的盐酸溶液，加热至溶液沸腾。将处理好的样品溶液依次摆放整齐，并向其中注满蒸馏水，静置约 12 h。待样品静置 12 h 后，用皮管将烧杯上层清液抽出，抽至约剩余 20 mL 溶液即可。向抽完水的烧杯中加入 10 mL 已配置好的分散剂溶液，并放入超声波清洗器中震荡 5 min，待震荡结束后采用英国马尔文公司研制生产的 MasterSizer2000 型激光粒度仪测试。仪器量程为<2 mm（图 2-4）。

电热板加热

放置12 h

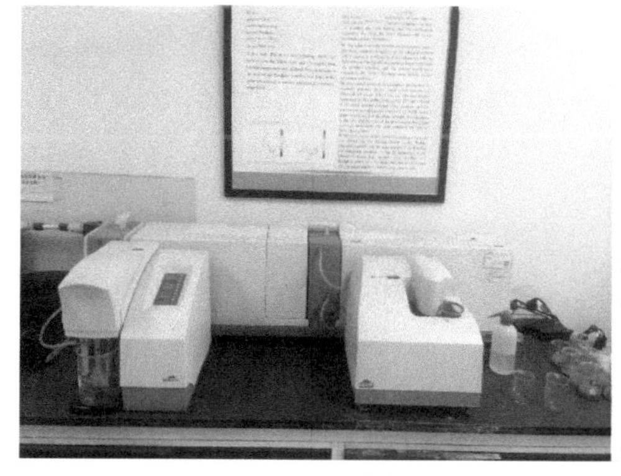

MasterSizer2000型激光粒度仪

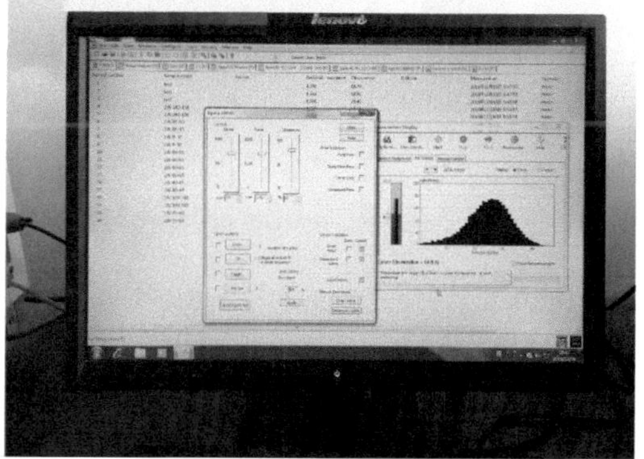

测试显示器

图 2-4　机械组成测试

2.3　复合指纹筛选

为了满足保存性假设要求，首先要剔除非保存性指纹，然后进入统计筛选过程中。指纹筛选按照 Walling et al.（1999）和 Collins et al.（1997）提出的两个步骤进行。

第一步，通过非参数检验，即 Kruskal-Wallis H 检验，筛选泥沙源区之间差异显著的指纹，即满足指纹的判别性假设。Kruskal-Wallis H 检验适用于独立样本数量，即泥沙源区数量（k）>2 的情形，其零假设（H_0）为 k 个独立样本（即所有泥沙源区样本）来自相同的总体（同一泥沙源区）。该检验基于秩数据，是秩和检验的推广，其统计量表达式如下。

$$H = \frac{12}{n(n+1)}\sum_{i=1}^{k}\frac{R_i^2}{n_i} - 3(n+1) \qquad 2-1$$

式中，n_i为第 i 组样本（第 i 个泥沙源区）中观测值的个数（$i=1$，2，…，k）；n 为将 k 组独立样本放在一起，按观测值升序排列时所赋予的秩；R_i为第 i 组样本中第 n_i个观测值的秩和。

如果统计量值 $H>\chi_{\alpha}^2$（卡方检验结果），说明该指纹在泥沙源区间差异显著，在 α 的显著性水平上拒绝 H_0，具有判别泥沙源区的能力，反之不能拒绝 H_0。

第二步，在 Kruskal-Wallis H 检验的基础上，为了以少数指纹有效地判别泥沙源区，对差异显著的指纹进行多元逐步判别分析，遴选最佳复合指纹组合。多元逐步判别分析可以选择一组最有效的判别泥沙源区间差异的指纹子集，并建立判别函数，对泥沙源区的样本进行归类。多元逐步判别分析先从所有指纹集中选择判别能力最显著的指纹，然后筛选第二个指纹。第二个指纹是在第一个指纹的基础上具有最显著判别能力的指纹，即两个指纹依然有显著的判别能力。以此类推筛选下一个指纹，即第三个指纹是在第一和第二指纹的基础上，在泥沙源区间具有显著差异的指纹。由于指纹之间有相互联系，之前引入的指纹其判别能力随新加入的指纹会降低，甚至导致泥沙源区间差异不显著。引入新指纹后，通过判别函数的显著性检验保留或剔除，继续引入并筛选下一个指纹，直到无可剔除的指纹，逐步判别过程才会结束，最终建立泥沙源区样本判别正确率最高的判别函数。通过特征值（*Eigenvalue*）表示一个判别函数的方差量，计算公式如下。

$$Eigenvalue = \frac{SSF}{SSE} \qquad 2-2$$

式中，SSF 为组间（泥沙源区间）偏差平方和；SSE 为组内（泥沙源区内）偏差平方和。

依据 Wilks'lambda（λ）的取值进行判别函数的显著性检验。λ 的取值范围为 0~1。λ 值变小，表示 SSE 值变小或 SSF 变大，说明样本组间（泥沙源区间）差异越显著，判别函数的判别正确率越高，判别结果更准确，计算公式如下。

$$\lambda = \frac{1}{1 + Eigenvalue} \qquad 2-3$$

2.4 泥沙贡献比例定量模型

本研究主要应用 Walling-Collins 模型、Bayesian 模型和 DFA 模型定量潜在源区的泥沙贡献比例。

2.4.1 Walling-Collins 模型

由 Walling et al.（1997）和 Collins et al.（1993）提出的算法是估算泥沙贡献比例应用最为广泛的多元混合线性模型，具体公式如下。

$$E = \sum_{i=1}^{m} \{ [C_i - (\sum_{s=i}^{n} P_s S_{si})] / C_i \}^2 \qquad 2\text{-}4$$

所有源区的泥沙贡献比例均界于 0 和 1 之间，全部泥沙源区的总贡献比例为 100%，即满足如下条件。

$$0 \leqslant P_s \leqslant 1 \qquad 2\text{-}5$$

$$\sum_{s=1}^{n} P_s = 1 \qquad 2\text{-}6$$

式中，n 为泥沙源区数量；C_i 为泥沙中第 i 个指纹的浓度；m 为指纹数量；P_s 为泥沙源区 s 的泥沙贡献比例；S_{si} 为泥沙源区 s 中指纹 i 的浓度。

指纹浓度的均值和标准差用于 2 500次拉丁超立方抽样过程，反映泥沙源区指纹浓度单一值的不确定性，通过遗传算法获得每次抽样的全局最优解。利用平均绝对拟合度值（mean absolute fit，*MAF*）评估模型定量泥沙贡献比例的稳定性和可信度，计算公式如下。

$$MAF = \left\{ 1 - \frac{\sum_{i=1}^{m} | [C_i - (\sum_{s=i}^{n} P_s S_{si})] / C_i |}{m} \right\} \qquad 2\text{-}7$$

2.4.2 Bayesian 模型

Bayesian 模型是通过计算各泥沙源区泥沙贡献比例的后验概率分布，反映其不确定性范围。根据 Bayesian 统计理论，潜在源区泥沙贡献比例的后验概率分布 $P(f_q | data)$ 等于先验概率分布 $p(f_q)$ 和似然函数 $L(data | f_q)$ 之积除以其累加之和，计算公式如下。

$$P(f_q | data) = \frac{L(data | f_q) \times p(f_q)}{\sum L(data | f_q) \times p(f_q)} \qquad 2\text{-}8$$

式中，f_q 为通过 Dirichlet 分布随机生成向量，表示各源区的泥沙贡献比例。

似然函数通过以下方程求得。

$$L(x \mid \widehat{\mu_j}, \widehat{\sigma_j}) = \prod_{k=1}^{n} \prod_{j=1}^{n} \left\{ \frac{1}{\widehat{\sigma_j} \times \sqrt{2 \times \pi}} \times exp\left[- \frac{(x_{kj} - \widehat{\mu_j})^2}{2 \times \widehat{\sigma_j}^2} \right] \right\} \quad 2\text{-}9$$

式中，$\widehat{\mu_j}$ 为根据随机生成的 f_q 计算获得的泥沙样品中第 j 个指纹浓度的均值；$\widehat{\sigma_j}$ 为根据随机生成的 f_q 计算获得的泥沙样品中第 j 个指纹浓度的标准差；x_{kj} 为第 k 个泥沙样品第 j 个指纹浓度。

利用重要抽样的重要性重采样方法（Rubin，1988），从估算的后验概率分布中生成 10^6 个样本。以上所有计算过程均使用 MATLAB 计算机语言完成。

2.4.3 DFA 模型

Liu et al.（2016）提出了直接利用逐步判别方程分析（DFA 模型）的结果定量泥沙贡献比例的方法如下。

$$D_m = \sum_{i=1}^{n} \frac{\rho_i}{100} [F_i(source_m) - F_i(sediment_m)] \quad 2\text{-}10$$

$$W_m = 1/ D_m \quad 2\text{-}11$$

$$W = \sum_{i=1}^{m} 1/ D_m \quad 2\text{-}12$$

$$P_m(\%) = (W_m/W) \times 100 \quad 2\text{-}13$$

式中，D_m 为泥沙源区 m 的样本重心至泥沙样本的距离；F_i 为第 i 个判别函数；ρ_i 为判别函数 F_i 对泥沙源区的判别正确率（%）；n 为判别函数的数量；W_m 为泥沙源区 m 的权重；W 为泥沙源区权重之和；P_m 为泥沙源区 m 的泥沙贡献比例；F_i（$source_m$）为基于判别函数 F_i 获得的泥沙源区 m 的重心；F_i（$sediment$）为基于判别函数 F_i 获得的泥沙样本的重心。

2.5 泥沙沉积年龄与沉积速率计算

^{210}Pb 的测年法在不同模型的结果差异显著。Du et al.（2012）基于 ^{137}Cs 峰值提出的独立时标（两个 ^{137}Cs 峰值年，1963 年和 1986 年）和 ^{210}Pb 的测年法，计算英国

和威尔士 7 个河漫滩的泥沙沉积剖面的沉积速率，发现校正后的 CRS（C-CRS）模型可提供满意的结果。同样，Zhang et al.（2015）在科布河流域利用 C-CRS 模型计算了水库泥沙的沉积速率。除了使用^{137}Cs作为独立时标之外，历年洪水事件、最大 δ-HCH 累积层、修建水库时的植被层（Dong et al.,2013；Tang et al.,2014）均可为 C-CRS 模型提供独立时标，提高测年和泥沙沉积速率的准确度。

如果在泥沙沉积剖面中，已知深度 z_1 和 z_2 处的沉积时间分别为 t_1 和 t_2，那么 t_1-t_2这段时间内，$^{210}Pb_{ex}$的平均通量 P 可以通过 2-14 计算（Appleby，2001）。

$$P=\frac{\lambda_{Pb}\times\triangle I_{z_1-z_2}}{e^{-\lambda_{Pb}t_1}-e^{-\lambda_{Pb}t_2}} \tag{2-14}$$

式中，$\triangle I_{z_1-z_2}$ 为深度 z_1和 z_2之间的$^{210}Pb_{ex}$总量（mBq/cm^2）。

如果 t_1-t_2这段时间内，$^{210}Pb_{ex}$的输入通量变化幅度较小，那么位于 z_1和 z_2之间 z 层位的校正年龄也可以运用 CRS 模型的基本原理和相关的$^{210}Pb_{ex}$通量进行进算。

$$\frac{P}{\lambda}e^{-\lambda_{Pb}t}=\frac{P}{\lambda}e^{-\lambda_{Pb}t_1}+\triangle I_{z_1-z} \tag{2-15}$$

式中，$\triangle I_{z_1-z}$ 为深度 z_1和 z 之间的$^{210}Pb_{ex}$总量（mBq/cm^2）。

位于 z_2深度以下的 z'层位的校正年龄 t'则可以根据 z_2深度处所对应的时间 t_2通过 2-16 估算。

$$t'=t_2-\frac{1}{\lambda_{Pb}}\ln\frac{I_{Z_2}}{I_{z'}} \tag{2-16}$$

式中，I_{Z_2} 为沉积泥沙采样剖面中 z_2深度以下的$^{210}Pb_{ex}$总量（mBq/cm^2）；$I_{z'}$ 为剖面中，低于深度 z' 处的$^{210}Pb_{ex}$总量（mBq/cm^2）。

相应地，计算泥沙沉积速率 $R_{sd,Pb}$ ［g/（cm^2 · a）］。

$$R_{sd,\ Pb}=\frac{P\ e^{\lambda_{Pb}t}}{A(z)} \tag{2-17}$$

式中，A（z）为$^{210}Pb_{ex}$在深度 z 处的活度值（mBq/g）。

2.6　降雨侵蚀力计算

根据降水量数据的测量频度分为逐年日降水量、逐年月降水量、逐年降水量、月平均降水量、年平均降水量 5 种类型。本研究根据小流域气象站的 1976—2016 年日降水量数据，计算研究区的年降雨侵蚀力（Zhang et al.,2003）。

$$M_i = \alpha \sum_{j=1}^{K} (D_j)^{\beta} \quad 2\text{-}18$$

式中，M_i为半月降雨侵蚀力［MJ mm/（hm^2·h·a）］；D_j为半月内第j天侵蚀性日降水量（降水量≥12 mm 即视为侵蚀性降雨，否则一律按0计算）；K为半月天数。

α和β为经验参数，通过以下方程式计算。

$$\beta = 0.8363 + 18.144\, P_{d12}^{-1} + 24.455\, P_{y12}^{-1} \quad 2\text{-}19$$

$$\alpha = 21.586\, \beta^{-7.1891} \quad 2\text{-}20$$

式中，P_{d12}为日降水量≥12 mm 的日平均降水量（mm）；P_{y12}为日降水量≥12 mm 的年平均降水量（mm）。

2.7 技术路线

以东北黑土区鹤北小流域为研究对象，首先评价定量泥沙贡献比例模型的精度，分析不同指纹示踪泥沙来源的能力。在此基础上，定量小流域尺度和微小集水区尺度耕地、非耕地和侵蚀沟对流域产沙的相对贡献，进一步探讨融雪侵蚀和降雨侵蚀的泥沙来源差异，从而形成对东北黑土区典型小流域泥沙来源的系统研究。研究技术路线如图 2-5 所示。

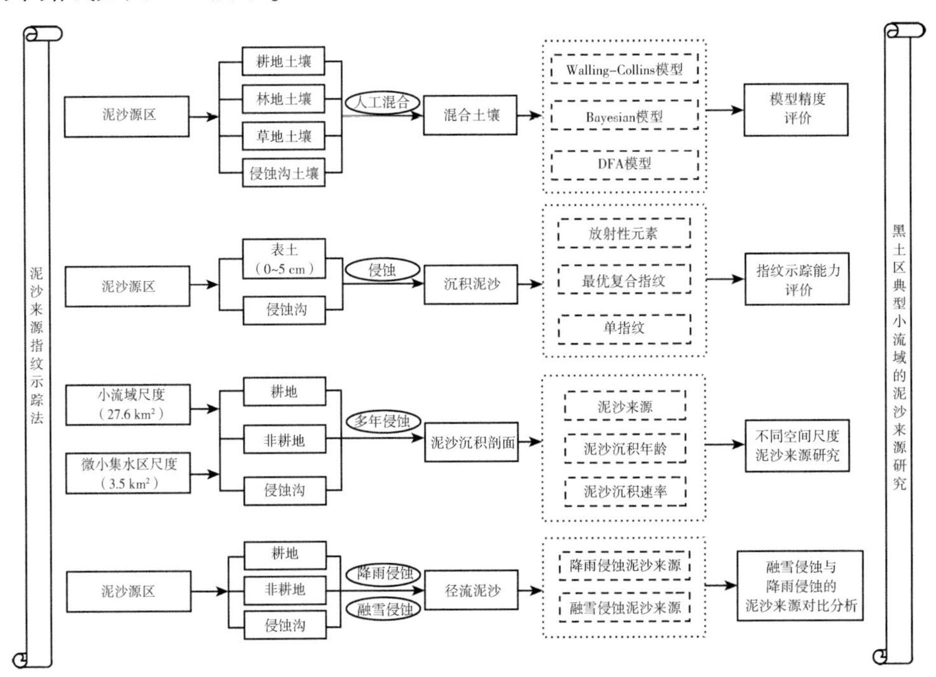

图 2-5 技术路线

第3章　泥沙来源定量模型精度评价

由于不考虑复杂的侵蚀产沙过程，通过指纹示踪法获取土壤侵蚀信息会更方便快捷，所以近40年来该方法得到了迅速的发展（Walling，2013）。为提高定量准确度，降低不确定性，研究者们不断地优化和改进该技术，在泥沙源区确定（Collins et al.,2010；Liu et al.,2011；Minella et al.,2008；Rabesiranana et al.,2016；Walling et al.,1993）、泥沙源区采样点布设（Davis et al.,2009；Du et al.,2017；Gellis et al.,2013；Haddadchi et al.,2015；Wilkinson et al.,2013；Wilkinson et al.,2015）、指纹筛选（Blake et al.,2012；Kimoto et al.,2006；McKinley et al.,2013；Sherriff et al.,2015；Zhang et al.,2001）等方面开展了大量研究。

作为指纹示踪法的关键环节，泥沙贡献比例定量模型成为了该技术的研究热点之一。以Walling-Collins模型为代表的多种多元线性混合模型，以统计学原理为依托的Bayesian模型，以及以距离为度量的DFA模型均可定量潜在源区的泥沙贡献比例。在众多定量模型中如何选择，需要对其准确度和稳定性进行评价和检验。Haddadchi et al.（2014）已对4种多元线性混合模型的计算准确度和最优解的收敛速度进行了评价。但还未有研究展开针对Bayesian模型和DFA模型的检验。为此，本研究率先通过人工混合泥沙源区土壤的方法，对3种不同类别的模型，即Walling-Collins模型、Bayesian模型和DFA模型，开展了准确度和不确定性分析，为科学合理地选择模型提供依据。

3.1　人工混合泥沙制作

在不同的泥沙源区（耕地C、林地W、草地G、侵蚀沟B）各采集5个表层（0~5 cm）土壤（通过统计分析已确定泥沙源区之间存在显著差异），并对其进行混合后获得已知贡献比例的人工混合泥沙样5组，每组有5个样本组成，共25个人工混合泥沙样（图 3-1）。

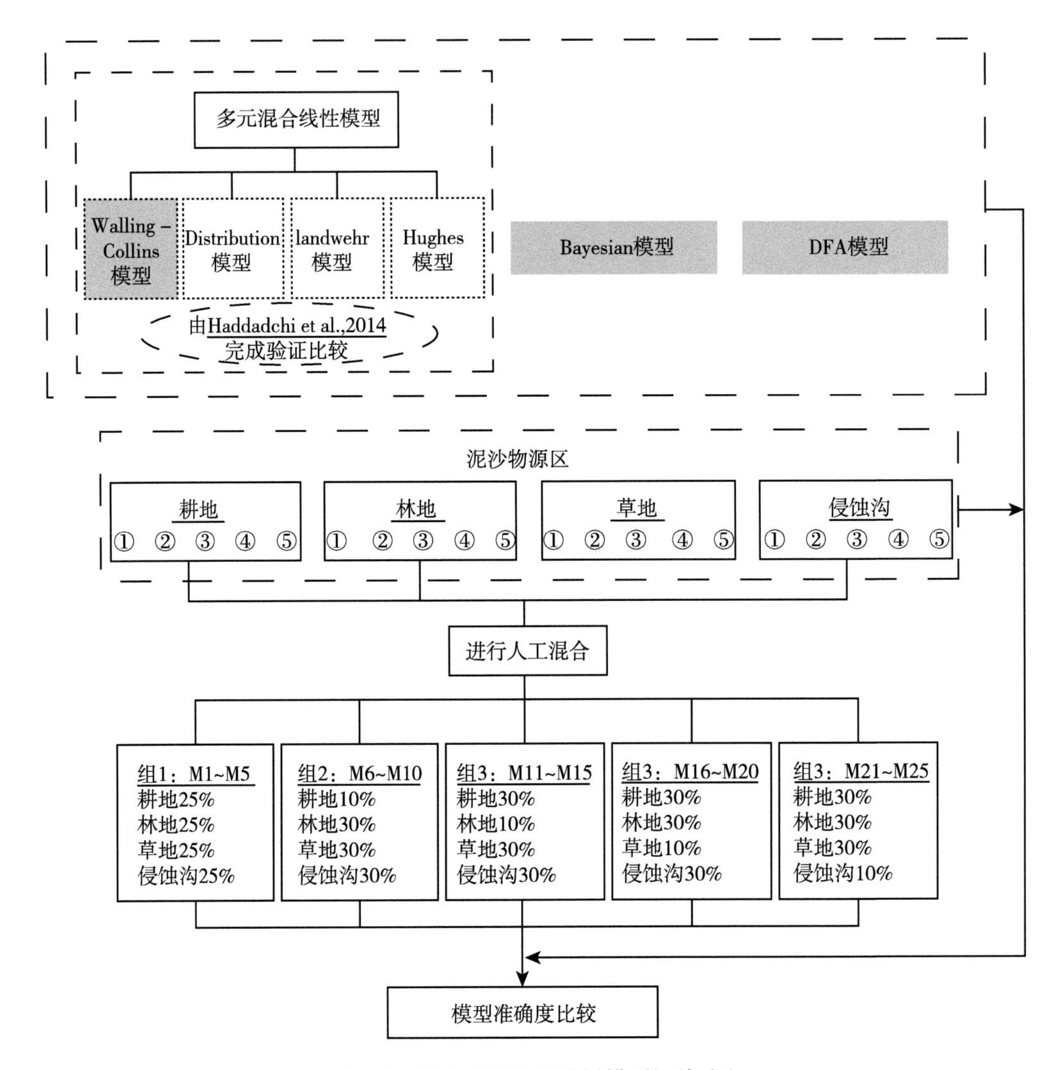

图 3-1　泥沙贡献比例定量模型评价流程

组 1：在各泥沙源区中随机抽取一个样本，称取同一重量（5 g）的土样，并制作 5 个人工混合泥沙样（M1～M5），各泥沙源区的贡献比例均为 25%。

组 2：在耕地中随机抽取一个样本，称取 5 g 的土样，在其余 3 个泥沙源区各随机抽取一个样本，称取同一重量（15 g）的土样，并制作 5 个人工混合泥沙样（M6～M10），各泥沙源区的贡献比例为 C＝10%，W＝30%，G＝30%，B＝30%。

组 3：在林地中随机抽取一个样本，称取 5 g 的土样，在其余 3 个泥沙源区各随机抽取一个样本，称取同一重量（15 g）的土样，并制作 5 个人工混合泥沙样（M11～M15），各泥沙源区的贡献比例为 C＝30%，W＝10%，G＝30%，B＝30%。

组 4：在草地中随机抽取一个样本，称取 5 g 的土样，在其余 3 个泥沙源区各随机抽取一个样本，称取同一重量（15 g）的土样，并制作 5 个人工混合泥沙样（M16～M20），各泥沙源区的贡献比例为 C=30%，W=30%，G=10%，B=30%。

组 5：在侵蚀沟中随机抽取一个样本，称取 5 g 的土样，在其余 3 个泥沙源区各随机抽取一个样本，称取同一重量（15 g）的土样，并制作 5 个人工混合泥沙样（M21～M25），各泥沙源区的贡献比例为 C=30%，W=30%，G=30%，B=10%。

分别使用 Walling-Collins 模型、Bayesian 模型和 DFA 模型计算泥沙贡献比例，与已知真实值进行比较。

3.2　模型准确度评价

应用 Walling-Collins 模型、Bayesian 模型外和 DFA 模型 3 种模型计算泥沙贡献比例后，通过平均绝对误差（Mean absolute error，*MAE*）判断模型准确度，计算公式如下。

$$MAE = \frac{\sum_{j=1}^{m} |AP_j - CP_j|}{m} \quad 3\text{-}1$$

式中，AP_j 为泥沙源区（j）的已知泥沙贡献比例；CP_j 为泥沙源区（j）的模型计算泥沙贡献比例；m 为泥沙源区数量。

3.3　结果与讨论

3.3.1　复合指纹筛选

25 个泥沙样本是通过人工混合获得，泥沙样本中各元素的浓度均介于泥沙源区元素浓度的最大值和最小值之间，均进入 Kruskal-Wallis H-检验。其中 P、Ti、V、Cr、Mn、Cu、Ga、Br、Y、Zr、Nb、Ba、Nd、SiO_2、Al_2O_3、CaO、K_2O、Na_2O 18 种元素在泥沙源区之间具有显著差异（$P<0.05$）（表 3-1）。

表 3-1　Kruskal-Wallis H-检验

编号	元素	*H* 值	*P* 值	编号	元素	*H* 值	*P* 值
1	P	14.943	0.002	16	Zr	8.057	0.045
2	Ti	12.243	0.007	17	Nb	9.353	0.025
3	V	12.884	0.005	18	Ba	10.528	0.015
4	Cr	10.391	0.016	19	La	1.907	0.592*
5	Mn	9.933	0.019	20	Ce	3.397	0.334*
6	Co	3.231	0.357*	21	Nd	10.300	0.016
7	Ni	4.310	0.230*	22	Pb	6.889	0.076*
8	Cu	8.881	0.031	23	SiO_2	13.223	0.004
9	Zn	5.049	0.168*	24	Al_2O_3	16.429	0.001
10	Ga	11.216	0.011	25	Fe_2O_3	5.565	0.135*
11	Br	11.824	0.008	26	CaO	10.622	0.014
12	As	7.345	0.062*	27	MgO	4.104	0.250*
13	Rb	7.383	0.061*	28	K_2O	9.609	0.022
14	Sr	7.051	0.070*	29	Na_2O	8.206	0.042
15	Y	11.280	0.010				

注：在 $P<0.05$ 水平上差异不显著。

通过逐步判别分析发现 Al_2O_3、Br、Ba、P、SiO_2 这 5 种元素的组合表现最佳，具有最高的累积判别率，筛选为最优复合指纹，能以 95.0%准确度判别耕地、林地、草地和侵蚀沟。每步泥沙源区累积判别率为 80.0%、83.5%、90.0%、92.8%和 95.0%。Al_2O_3、Br、Ba、P、SiO_2 的单步骤泥沙源区判别率为 80.0%、65.0%、60.0%、55.0%和 55.0%（表 3-2）。根据判别式的泥沙源区样本散点图可知，耕地和草地样本的 95%置信椭圆有部分重叠，导致最优复合指纹的累计判别率$<100\%$（图 3-2）。

表 3-2　逐步判别分析

步骤	指纹	Wilks' lambda	累计判别率（%）	各因子判别率（%）
1	Al_2O_3	0.155	80.0	80.0
2	Br	0.051	83.5	65.0
3	Ba	0.022	90.0	60.0

（续表）

步骤	指纹	Wilks' lambda	累计判别率（%）	各因子判别率（%）
4	P	0.006	92.8	55.0
5	SiO_2	0.002	95.0	55.0

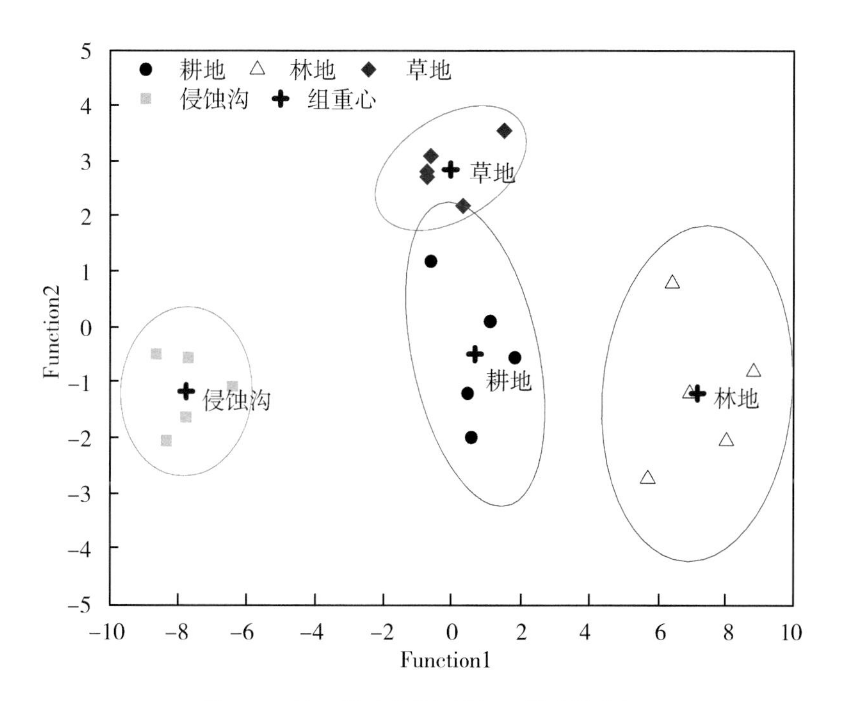

图 3-2　基于判别式的泥沙源区样本散点图

复合指纹中 Br 和 P 浓度的变异系数较大，其单一值（均值或中位数）对泥沙源区的代表性弱，增大泥沙贡献比例定量结果的不确定性。而 Ba、SiO_2和 Al_2O_3的变异系数较小，单一值能更准确地反映泥沙源区特征（表 3-3）。由于本研究的泥沙样本是通过人工混合的方法获得，泥沙没有经历侵蚀迁移的复杂过程，这就忽视了侵蚀过程中指纹的形态变化和损失。因此，最终筛选的复合指纹可能与实际情况有所差异，但不影响模型的检验结果。

林地和草地的面积较小，其中草地位于坡脚，部分林地位于坡中，导致坡耕地的侵蚀泥沙会沉积于此，影响草地和林地的指纹浓度特征。由图 3-2 可知，基于 Fisher 判别函数区分的草地和林地的样本与耕地样本的距离较侵蚀沟近，尤其是耕地与草地的样本组重心距离最近。通过泥沙源区指纹浓度的概率分布得到了相同的结论。耕地与草地同一指纹浓度的概率分布重叠面积最大（图 3-3），两种样本的

95%置信椭圆有部分重叠（图 3-2），导致与草地最近的耕地样本被误判。尽管如此，耕地与草地的指纹存在显著差异（$P<0.05$），将两者视为不同的泥沙源区。在基于判别式的泥沙源区样本散点图中，侵蚀沟的样本组重心与其余泥沙源区的样本相距最远。同样，在指纹浓度概率分布图中，侵蚀沟的指纹浓度概率分布与耕地、林地和草地的重叠面积最小，易于区分。

表 3-3　复合指纹浓度特征

泥沙源区	指标	P (μg/g)	Br (μg/g)	Ba (μg/g)	SiO_2 (%)	Al_2O_3 (%)
耕地	均值	964.30	5.32	640.42	58.46	14.07
	标准差	143.07	0.79	9.45	0.89	0.29
	变异系数	0.15	0.15	0.02	0.02	0.02
林地	均值	1 116.88	5.66	674.38	51.70	13.04
	标准差	84.79	1.92	19.87	2.74	0.44
	变异系数	0.08	0.34	0.03	0.05	0.03
草地	均值	1 271.12	6.02	624.28	54.06	13.94
	标准差	188.75	0.78	22.13	2.60	0.56
	变异系数	0.15	0.13	0.04	0.05	0.04
侵蚀沟	均值	623.54	1.10	624.20	61.71	15.61
	标准差	160.03	0.43	20.33	3.65	0.44
	变异系数	0.26	0.39	0.03	0.06	0.03

注：每个泥沙源区样本数量均为 5 个。

3.3.2　单泥沙样本泥沙来源

使用 Walling-Collins 模型、Bayesian 模型和 DFA 模型定量了 25 个单泥沙样本（M1～M25）中耕地、林地、草地和侵蚀沟的泥沙贡献比例（图 3-4）。

图 3-4a 为人工混合泥沙 M1～M5（25%，25%，25%，25%）中耕地、林地、草地和侵蚀沟的泥沙贡献比例。与已知泥沙贡献比例进行比较，计算 MAE，平均 MAE（$\overline{MAE}=\frac{\sum_{q=1}^{Ns} MAE_q}{Ns}$，$Ns$ 为人工泥沙样本数量，MAE_q 为第 q 个泥沙样本的 MAE）和 MAE 的标准差（$SD.MAE$），发现 Walling-Collins 模型（$\overline{MAE}=5.7\%$，

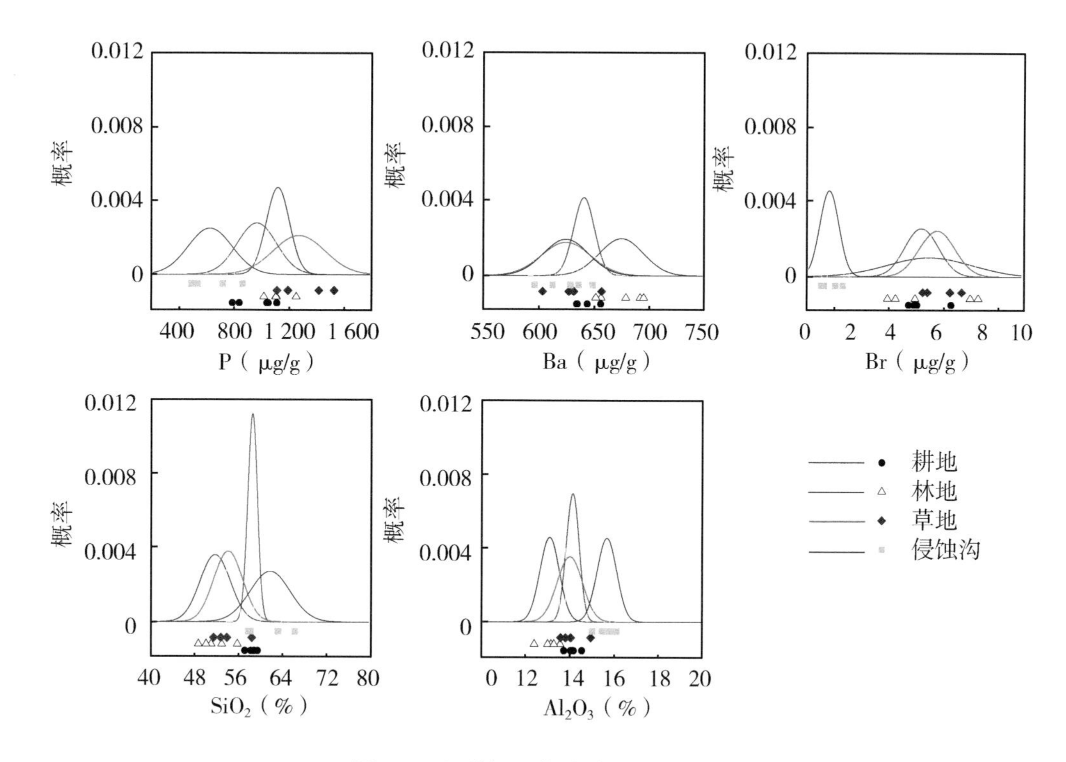

图3-3 泥沙源区指纹浓度概率分布

SD.MAE=3.2%）表现最佳，Bayesian 模型（（$\overline{MAE}$=6.3%，*SD.MAE*=1.2%）为其次，DFA 模型（$\overline{MAE}$=21.8%，*SD.MAE*=0.4%）表现最差（表3-4）。

与M1～M5相似，人工混合泥沙M6～M10（图3-4b：农地10%，林地30%，草地30%，侵蚀沟30%），Walling-Collins 模型（$\overline{MAE}$=9.2%，*SD.MAE*=2.6%）计算准确度最高，其次为Bayesian模型（$\overline{MAE}$=10.8%，*SD.MAE*=1.6%），最后为DFA模型（$\overline{MAE}$=23.7%，*SD.MAE*=2.6%）（表3-4）。

根据对M11～M15（图3-4c：农地30%，林地10%，草地30%，侵蚀沟30%）的3个泥沙来源模型定量结果，Bayesian 模型（（$\overline{MAE}$=6.8%，*SD.MAE*=2.7%）表现最佳，其次为Walling-Collins模型（$\overline{MAE}$=10.0%，*SD.MAE*=2.7%），DFA模型（$\overline{MAE}$=10.3%，*SD.MAE*=4.1%）依然表现最差（表3-4）。

根据人工混合泥沙M16～M20（农地30%，林地30%，草地10%，侵蚀沟30%）的3个模型定量结果，发现Bayesian模型（$\overline{MAE}$=8.5%，*SD.MAE*=4.7%）和Walling-Collins模型（$\overline{MAE}$=9.2%，*SD.MAE*=3.1%）依然表现突出，DFA模型（$\overline{MAE}$=24.7%，*SD.MAE*=4.3%）表现最差（表3-4）。

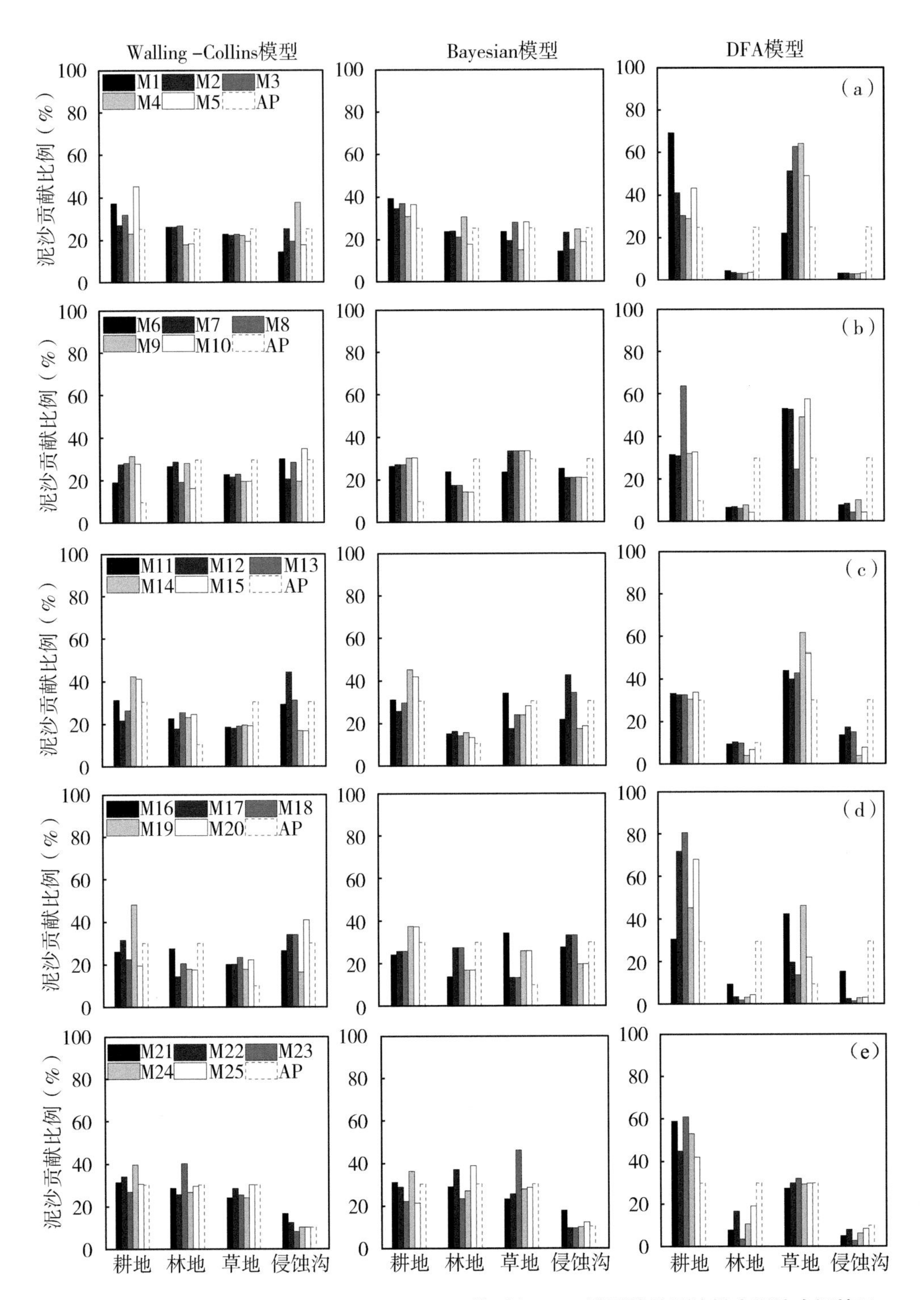

图 3-4　基于 Walling-Collins 模型、Bayesian 模型和 DFA 模型的单泥沙样本泥沙来源情况

注：AP 为已知泥沙贡献比例。

最后，图 3-4e 为人工混合泥沙 M21～M25（农地 30%，林地 30%，草地 30%，侵蚀沟 10%）的 3 个模型定量结果。发现与 M1～M5 类似，Walling-Collins 模型（$\overline{MAE}$=3.4%，*SD. MAE*=1.9%）的计算结果最接近真实值，Bayesian 模型（$\overline{MAE}$=4.8%，*SD. MAE* = 2.0%）准确度相对低一些，DFA 模型（$\overline{MAE}$ = 11.4%，*SD. MAE*=4.5%）计算准确度最差（表 3-4）。

表 3-4　单泥沙样本条件下 3 种模型的平均绝对误差（$\overline{MAE}$）及其标准差（*SD. MAE*）

人工混合泥沙	指标	Walling-Collins 模型	Bayesian 模型	DFA 模型
M1～M5	$\overline{MAE}$（%）	5.7	6.3	21.8
	SD. MAE（%）	3.2	1.2	0.4
M6～M10	$\overline{MAE}$（%）	9.2	10.8	23.7
	SD. MAE（%）	2.6	1.6	2.6
M11～M15	$\overline{MAE}$（%）	10.0	6.8	10.3
	SD. MAE（%）	2.7	2.7	4.1
M16～M20	$\overline{MAE}$（%）	9.2	8.5	24.7
	SD. MAE（%）	3.1	4.7	4.3
M21～M25	$\overline{MAE}$（%）	3.4	4.8	11.4
	SD. MAE（%）	1.9	2.0	4.5

3.3.3　组泥沙样本泥沙来源

使用 Walling-Collins 模型、Bayesian 模型和 DFA 模型定量了 5 个组泥沙样本中来源于耕地、林地、草地和侵蚀沟的泥沙贡献比例（图 3-5）。

通过定量人工混合泥沙组泥沙样本 1（M1～M5：耕地 25%，林地 25%，草地 25%，侵蚀沟 25%）的泥沙贡献比例，发现 Walling-Collins 模型（*MAE*=3.9%）的计算结果最为准确：耕地占 32.7%，林地占 23.5%，草地占 21.5%，侵蚀沟占 22.4%。Bayesian 模型（*MAE*=9.4%）的准确度低于 Walling-Collins 模型，43.8%来源于耕地，22.3%来源于林地，17.0%来源于草地，11.6%来源于侵蚀沟。DFA 模型（*MAE*=21.4%）的定量结果最差，来源于耕地、林地、草地和侵蚀沟的泥沙分别占 49.8%、3.8%、43.1%和 3.3%（图 3-5a；表 3-5）。

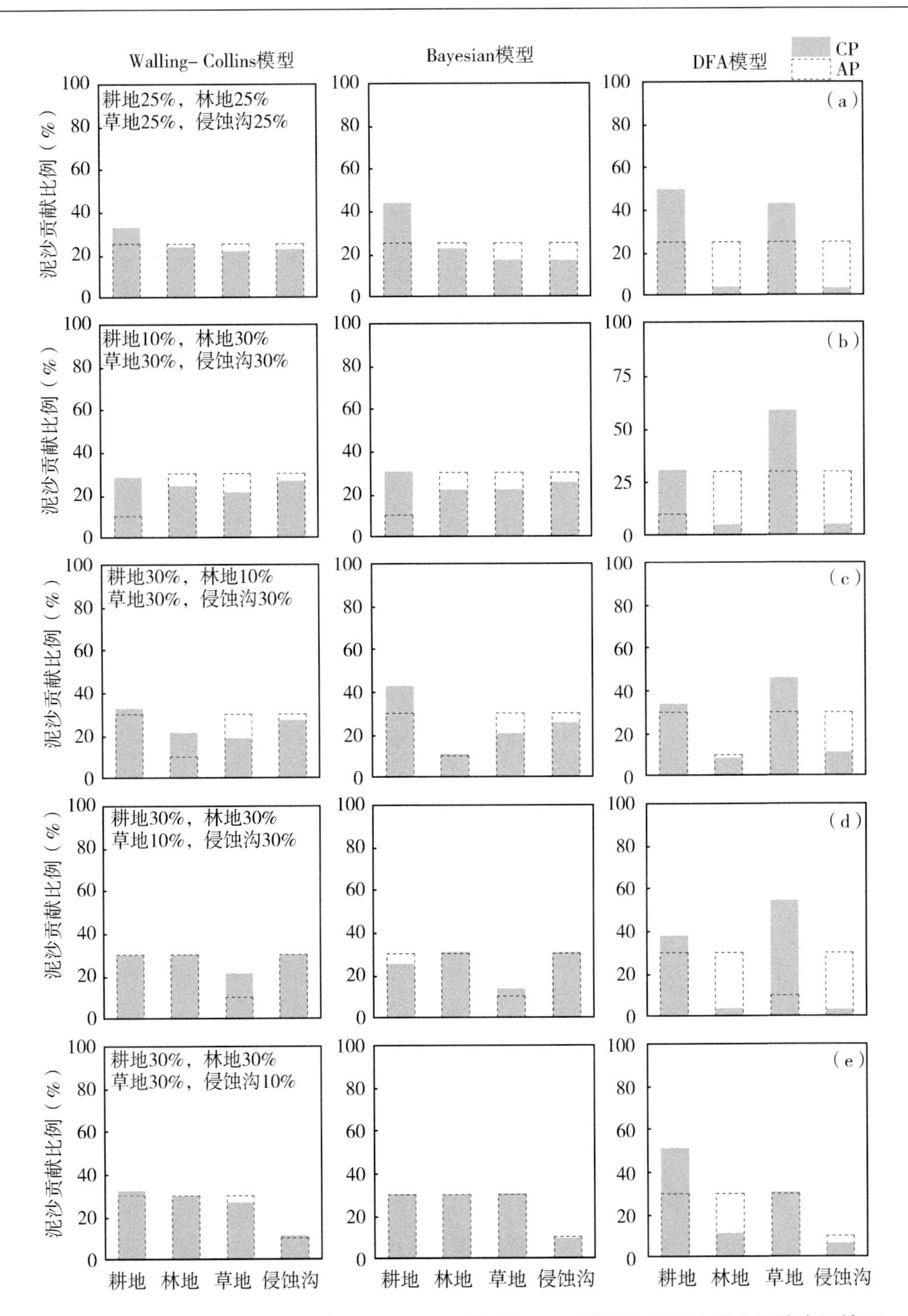

图 3-5　基于 Walling-Collins 模型、Bayesian 模型和 DFA 模型的组泥沙样本泥沙来源情况

注：CP 为定量泥沙贡献比例；AP 为已知泥沙贡献比例。

表 3-5　组泥沙样本条件下 3 种模型的平均绝对误差（*MAE*）　单位:%

人工混合样本组	Walling-Collins 模型	Bayesian 模型	DFA 模型
组 1	3.9	9.4	21.4
组 2	9.1	10.2	24.9
组 3	7.1	6.9	10.2
组 4	5.5	2.4	26.5
组 5	1.7	0.4	11.1

在组泥沙样本 2（M6～M10：耕地 10%，林地 30%，草地 30%，侵蚀沟 30%）的泥沙贡献比例定量结果中，Walling-Collins 模型（*MAE*=9.1%）表现最佳，耕地、林地、草地和侵蚀沟的泥沙贡献比例分别为 28.2%、24.2%、21.2%和 26.5%。Bayesian 模型（*MAE*=10.2%）的准确度与 Walling-Collins 模型接近，耕地占 30.5%，林地占 22.0%，草地占 22.1%，侵蚀沟占 25.4%。同样，DFA 模型（*MAE*=24.9%）表现最差，分别 30.7%、5.1%、59.0%和 5.2%的泥沙来源于耕地、林地、草地和侵蚀沟。

而在组泥沙样本 3（M11～M15：耕地 30%，林地 10%，草地 30%，侵蚀沟 30%）的泥沙贡献比例定量结果中，发现 Bayesian 模型（*MAE*=6.9%）的定量结果最为准确，耕地占 43.0%，林地占 10.9%，草地占 20.6%，侵蚀沟占 25.6%。Walling-Collins 模型（*MAE*=7.1%）的表现稍逊于 Bayesian 模型，耕地、林地、草地和侵蚀沟的泥沙贡献比例分别为 32.8%、21.4%、18.7%和 27.2%。DFA 模型（*MAE*= 10.2%）的准确度最差，但相比于其他组泥沙样本表现较好（耕地 = 34.0%，林地=8.5%，草地=46.3%，侵蚀沟=11.2%；图 3-5c）。

人工混合泥沙组泥沙样本 4（M16～M20）是由 30%耕地、林地、侵蚀沟和 10%草地的土壤混合而成。泥沙贡献比例定量过程中 Bayesian 模型（*MAE* = 2.4%）的准确度最高（耕地 = 25.1%，林地 = 30.8%，草地 = 13.5%，侵蚀沟 = 30.6%），其次为 Walling - Collins 模型（*MAE* = 5.5%：耕地 = 30.0%，林地 = 19.1%，草地=21.0%，侵蚀沟=29.9%），而 DFA 模型（*MAE*=26.5%）无法准确定量泥沙贡献比例，耕地占 38.1%，林地占 3.7%，草地占 54.8%，侵蚀沟占 3.4%（图 3-5d）。

对组泥沙样本 5（M21～M25：耕地 30%，林地 30%，草地 30%，侵蚀沟 10%）的泥沙贡献比例定量过程中，Bayesian 模型（*MAE*=0.4%）的定量结果基本与真实值一致，耕地占 30.2%，林地占 30.0%，草地占 30.5%，侵蚀沟占 9.3%。Walling-Collins 模型（*MAE*=1.7%）的定量结果同样与真实值非常接近，DFA 模型（*MAE*=11.1%）的准确度最差，耕地占 51.5%，林地占 11.2%，草地占 30.7%，侵蚀沟占 6.5%（图 3-5e）。

图 3-6 和图 3-7 为 Walling-Collins 模型和 Bayesian 模型泥沙贡献比例定量结果的频率和后验概率分布（DFA 模型没有抽样模拟计算过程，无法评价定量结果的

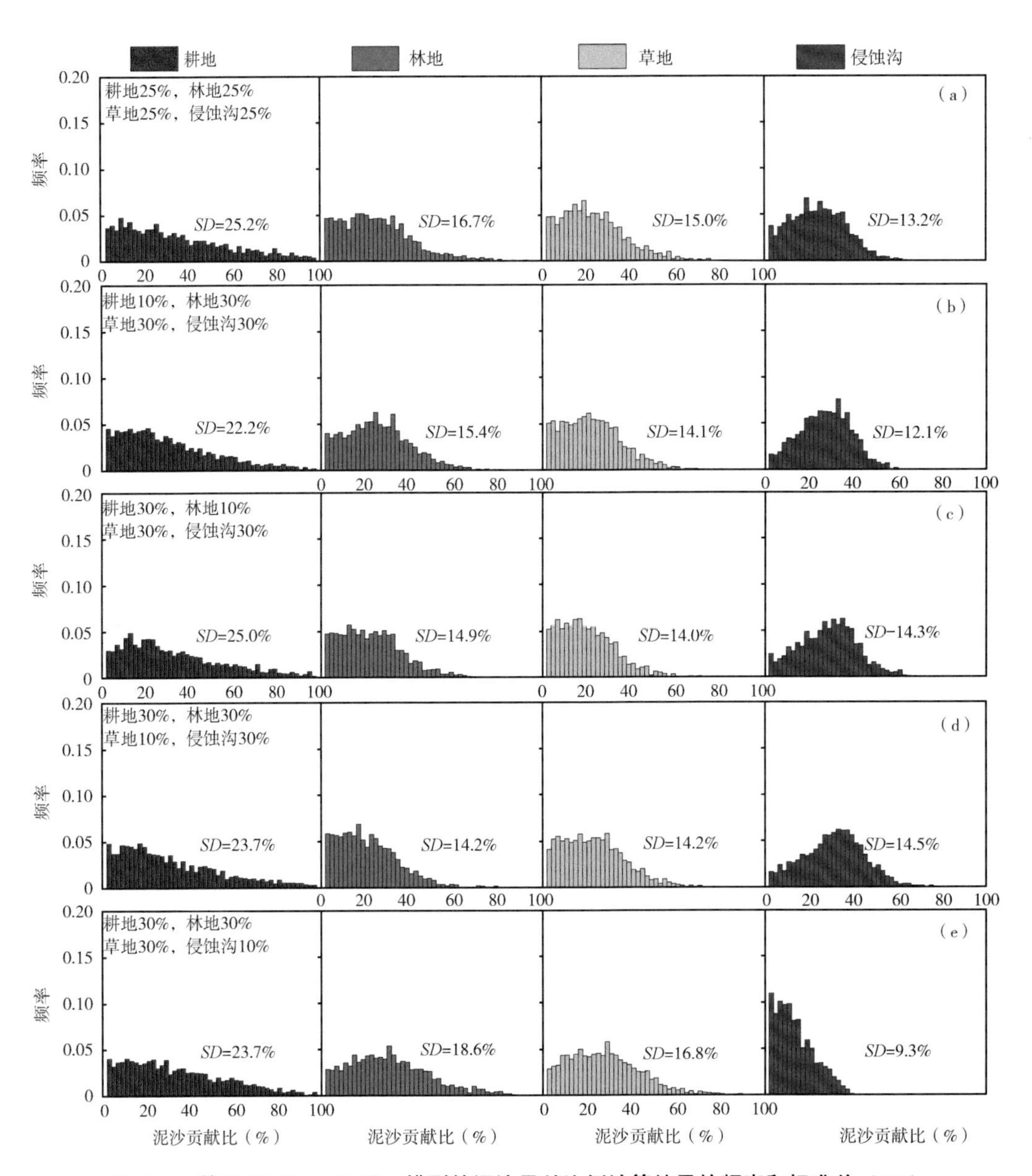

图 3-6　基于 Walling-Collins 模型的泥沙贡献比例计算结果的频率和标准差（*SD*）

不确定性)。

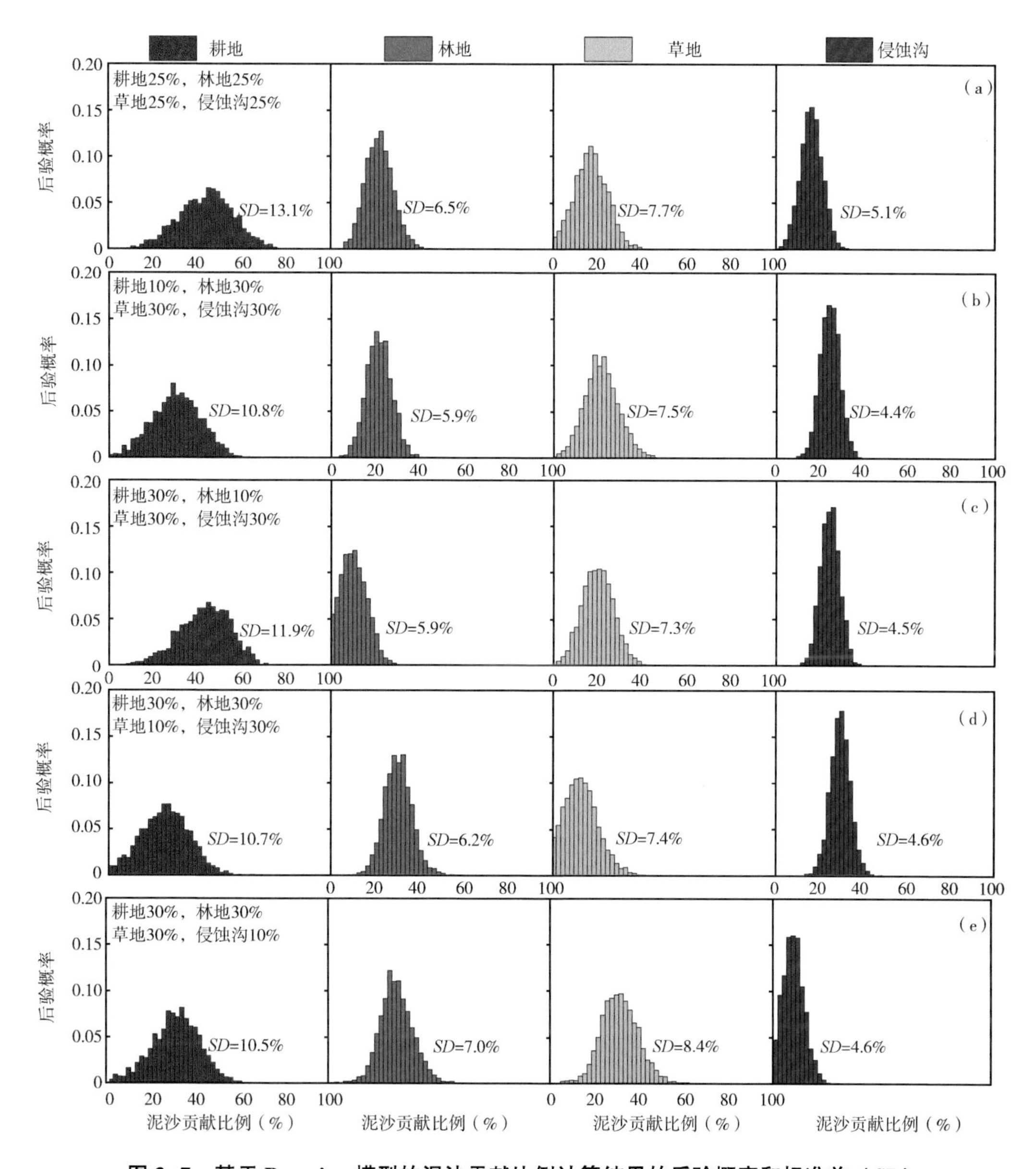

图 3-7　基于 Bayesian 模型的泥沙贡献比例计算结果的后验概率和标准差（*SD*）

Bayesian 模型的定量结果较 Walling-Collins 模型稳定，泥沙贡献比例的后验概率分布范围小。其原因可能由两种模型的计算原理不同。Bayesian 模型充分利用先验信息，根据先验分布［$p(f_q)$］的均值和方差（$\widehat{\mu_j}$，$\widehat{\sigma_j}$），给出参数的先验估计值和估计值的不确定性。然后应用不同时点依次给出的观察数据（*data*），Bayesian 模型对参数进行估计，并且通过似然函数把残差参数考虑在模型当中。此外，重要抽样的重采样过程是从重要抽样函数中抽取样本，并对样本进行加权重抽样，使得样本近似目标函数。而后者是在所有泥沙源区指纹浓度为正态分布的假设条件下，应用拉丁超立方抽样过程，保障抽样样本在空间中的投影均匀性，并利用遗传算法，在多元混合线性方程的相对误差平方和取最小值的情况下，估算出其全局最优值，受指纹浓度的准确性和不确定性较大，过分依赖于其假设条件。因此，多元混合线性模型估算结果波动范围值较大，相比之下 Bayesian 模型是以统计学原理为依托，在无假设条件下同样能得出结论，估算结果更为稳定。

3.3.4 模型准确度比较

表 3-6 为单泥沙样本和组泥沙样本条件下 Walling-Collins 模型、Bayesian 模型和 DFA 模型定量泥沙贡献比例的准确度及其排序。定量单泥沙样本时 Bayesian 模型的准确度最高，定量结果稳定，且接近真实值。25 个 *MAE* 的均值为 7.4%，*MAE* 的标准误差仅为 0.6%。Walling-Collins 模型的准确度基本与 Bayesian 模型一致，*MAE* 的均值为 7.5%，*MAE* 的标准误差仅为 0.7%。相对而言，DFA 模型的准确度远不及 Walling-Collins 模型和 Bayesian 模型。25 个 *MAE* 的均值高达 18.4%，*MAE* 的标准误差为 1.4%，是其余两个模型的两倍之多。

表 3-6　3 种模型的准确度比较

模型类型	25 个单泥沙样本（%）		模型类型	5 个组泥沙样本（%）	
	MAE 均值	*MAE* 标准误差		*MAE* 均值	*MAE* 标准误差
Bayesian	7.4	0.6	Walling-Collins	5.4	1.3
Walling-Collins	7.5	0.7	Bayesian	5.9	1.9
DFA	18.4	1.4	DFA	18.5	3.4

对 5 个组泥沙样本中泥沙贡献比例定量结果中 Walling-Collins 模型的准确度最高，5 个组泥沙样本的 *MAE* 均值为 5.4%，*MAE* 的标准误差为 1.3%。Bayesian 模型的准确度与 Walling-Collins 模型接近，*MAE* 均值为 5.9%，*MAE* 的标准误差为 1.9%。与单泥沙样本类似，DFA 模型不能准确地定量泥沙贡献比例，5 个组泥沙样本的 *MAE* 均值为 18.5%，*MAE* 的标准误差为 3.4%。根据 3 种模型的泥沙来源定量结果，针对 *MAE* 进行配对 t-检验（表 3-7），发现单泥沙样本或人工混合泥沙样本情况下，Walling-Collins 模型和 Bayesian 模型的准确度无显著差异，说明两种模型

的泥沙来源定量效果基本相同。而 DFA 模型的准确度与其余两种模型差异显著（P<0.01），应谨慎使用。

表 3-7　3 种模型平均绝对误差的配对 t-检验

模型配对		单泥沙样本			组泥沙样本		
		t-值	自由度	P-值	t-值	自由度	P-值
配对 1	Walling-Collins & Bayesian	0.113	24	0.911	-0.276	4	0.796
配对 2	Walling-Collins & DFA	-8.041	24	0.000	-4.200	4	0.014
配对 3	Bayesian & DFA	-8.350	24	0.000	-3.851	4	0.018

比较单泥沙样本和人工混合泥沙样本的泥沙来源定量结果发现，人工混合泥沙样本的情况下 Walling-Collins 模型和 Bayesian 模型的准确度较单泥沙样本均有明显的提高（表 3-6）。说明在实地采集样本时，由多个子样本混合而成的土壤或泥沙样本能提高指纹单一值的代表性，提高 Walling-Collins 模型的准确度，降低定量结果的不确定性。这与 Wilkinson et al.（2013）得出的泥沙源区的混合样本可以降低指纹浓度变异性的结论一致。对 Bayesian 模型而言，人工混合泥沙样本可以提供更多的先验信息和实测数据，获得更准确的泥沙贡献比例定量结果。相比于 Walling-Collins 模型和 Bayesian 模型，DFA 模型在单泥沙样本和组泥沙样本情况下的准确度没有明显的变化，均不能准确地定量泥沙来源。DFA 模型不直接使用因子浓度，而是首先构建判别泥沙源区样本的方程，然后根据泥沙样本与泥沙源区样本重心之间的距离定量泥沙贡献比例。指纹浓度的组间或组内差异、种类与数量均影响组重心在基于判别式的样本散点图中的位置，使得 DFA 模型的定量结果高度不确定。因此，DFA 模型在计算过程中不受样本形式的影响，组泥沙样本不能提高模型的准确度，两种泥沙样本情况下模型的准确度基本保持不变。

3.4　本章小结

本研究通过人工混合的方法评价了 Bayesian 模型和 DFA 模型定量泥沙贡献比例的潜力，与已经经过准确度验证的 Walling-Collins 模型相比，Bayesian 模型定量泥沙贡献比例的准确度较高，而 DFA 模型表现不理想，很难准确地定量泥沙贡献比例。

单泥沙样本情况下，Bayesian 模型和 Walling-Collins 模型定量泥沙贡献比例的 *MAE* 分别为 7.4%和 7.5%。人工混合泥沙样本情况下，多个样本提高指纹浓度单一值的代表性，使模型的准确度有所提高，两种模型的 *MAE* 分别为 5.9%和 5.4%。

单泥沙样本和人工混合泥沙样本的情况下，DFA 模型定量泥沙贡献比例的 *MAE* 均大于 18%，人工混合泥沙样本没能提高该模型准确度。

Bayesian 模型和 Walling-Collins 模型的准确度无显著差异（$P>0.01$），两种模型均能准确地定量泥沙贡献比例。而 DFA 模型的准确度与其他两种模型有显著差异（$P<0.01$），不能准确地定量泥沙贡献比例，应谨慎使用，需进一步完善。

第4章　不同指纹的泥沙来源示踪能力分析

泥沙来源指纹示踪法是在指纹的判别泥沙源区能力、保存性和线性叠加的假设条件下，通过模型计算泥沙贡献比例。因此，指纹的选择在整个泥沙来源定量过程中起着至关重要的作用。测试多种土壤属性作为指纹库固然重要，但筛选指纹方法的重要性同样不可忽视。

泥沙来源指纹示踪法的指纹筛选方法较多，如以统计学为依托的方法就包括逐步判别分析及其与 Kruskal-Wallis H-检验结合、主成分分析法（Palazon et al.，2017）、多重复合指纹法（Zhang et al.，2016），以及主观筛选法（Fang，2015；Rowntree et al.，2017；Upadhayay et al.，2017）等，这些方法各有优劣。总体上，以统计学为依托的指纹筛选过程步骤相对复杂，计算量大，但土壤的所有属性均能视为潜在指纹，对其进行检验。而主观选择法无统计检验过程，均需人为判断，根据经验确保指纹的判别能力和保存性，使指纹可选对象相对局限，以放射性核素为主，筛选过程相对简单。

Palazon et al.（2017）发现，不同统计学方法筛选的指纹组合对泥沙贡献比例计算结果影响很大。本章研究目的是，使用不同筛选方法获取的指纹，应用 Walling-Collins 模型、Bayesian 模型和解析解的方法定量了表土和侵蚀沟的泥沙来源信息，探讨泥沙来源指纹示踪法在东北黑土区泥沙来源研究中的可行性，以期为该研究区选择最简单且经济的指纹提供依据。

本章应用 Walling-Collins 模型和 Bayesian 模型定量表土与侵蚀沟的泥沙贡献比例。在小流域主沟道和9条支沟的沟底采集。主沟道采集5个，支沟采集25个，共采集泥沙沉积样品30个。

4.1 泥沙来源示踪指纹组合

为了研究不同指纹组合对泥沙贡献比例估算结果的影响，采用 3 种不同形式组合的指纹：一是放射性元素^{137}Cs和$^{210}Pb_{ex}$；二是根据统计学理论筛选出来的最优复合指纹；三是把最优复合指纹组合中的每个指纹作为单指纹。其中，最优复合指纹首先通过双边范围检验剔除非保存性指纹，即去除沉积泥沙中浓度大于泥沙源区相同指纹最大值或小于泥沙源区相同指纹最小值的指纹，在此筛选过程中有 13 个潜在指纹通过检验。然后通过 Kruskal-Wallis H-检验筛选统计意义上差异显著($P<0.005$)的指纹，有 10 个潜在指纹通过检验（表 4-1）。最后为了选择最少数量的指纹，利用逐步多元判别分析法，P、Ga、Rb、Ce 和^{137}Cs通过筛选，成为最优复合指纹，能以 100%准确度判别该研究区的表土和侵蚀沟道两个泥沙源区。

表 4-1　Kruskal-Wallis H-检验

潜在指纹	*H* 值	*P* 值
P	27.13	0.000 0*
V	14.97	0.000 1*
Cr	13.40	0.000 3*
Co	0.80	0.370 0
Ni	7.80	0.052 0
Ga	33.14	0.000 0*
As	29.35	0.000 0*
Br	10.61	0.001 1*
Rb	13.61	0.000 3*
Ce	37.39	0.000 0*
K_2O	10.55	0.001 2*
^{137}Cs	38.01	0.000 0*
$^{210}Pb_{ex}$	1.87	0.171 9

注：在 $P<0.005$ 水平上统计学差异显著。

4.2 指纹浓度特征

表土的 P、Ga、Rb、Ce、^{137}Cs、^{210}Pb$_{ex}$ 等浓度分别为 1 124.2 μg/g（*CV* = 17.4%）、25.0 μg/g（*CV*=14.1%）、92.5 μg/g（*CV*=10.5%）、108.4 μg/g（*CV*=13.5%）、3.4 μg/g（*CV*=32.9%）、24.7 μg/g（*CV*=166.9%）；侵蚀沟的指纹浓度为 584.7 μg/g（*CV*=49.2%）、18.6 μg/g（*CV*=9.5%）、102.7 μg/g（*CV*=7.0%）、72.8 μg/g（*CV*=14.7%）、0.0 μg/g（*CV*=147.7%）、28.9 μg/g（*CV*=176.9%）；沉积泥沙样本的指纹浓度分别为 857.8 μg/g（*CV*=28.2%）、21.5 μg/g（*CV*=13.1%）、97.4 μg/g（*CV*=16.0%）、91.5 μg/g（*CV*=15.1%）、1.4 μg/g（*CV*=60.6%）、19.6 μg/g（*CV*=115.4%）。其中，^{137}C 和 ^{210}Pb$_{ex}$ 的空间差异性较大（表 4-2）。

表 4-2　指纹浓度特征

泥沙源区/沉积泥沙	指标	P	Ga	Rb	Ce	^{137}Cs	^{210}Pb$_{ex}$
表土	均值（μg/g）	1 124.2	25.0	92.5	108.4	3.4	24.7
	CV（%）	17.4	14.1	10.5	13.5	32.8	166.9
侵蚀沟	均值（μg/g）	584.7	18.6	102.7	72.8	0.0	28.9
	CV（%）	49.2	9.5	7.0	14.7	147.5	176.9
沉积泥沙	均值（μg/g）	857.8	21.5	97.4	91.5	1.4	19.6
	CV（%）	28.2	13.1	16.0	15.1	60.6	115.4

注：*CV* 表示变异系数。

4.3 泥沙贡献比例定量

4.3.1 基于 Walling-Collins 模型估算泥沙贡献比例

以放射性元素 ^{137}Cs 和 ^{210}Pb$_{ex}$ 为指纹，利用 Walling-Collins 模型估算表土与侵蚀

沟泥沙贡献比例的结果如图 4-1 所示。表土与侵蚀沟泥沙贡献比例分别为 47.5%（0.6%~99.7%）和 52.5%（0.3%~99.4%）（表 4-3）。相比而言，沉积泥沙中来自于侵蚀沟的占比稍高。而以复合指纹估算两个源区的泥沙贡献比例结果与以放射性元素 ^{137}Cs 和 $^{210}Pb_{ex}$ 为指纹非常接近（图 4-2），来自表土和侵蚀沟的泥沙分别占 44.6%（21.3%~96.7%）和 55.4%（3.3%~78.7%）。两种指纹组合的泥沙来源计算结果仅相差约 3%，但差异显著（$P<0.01$）。

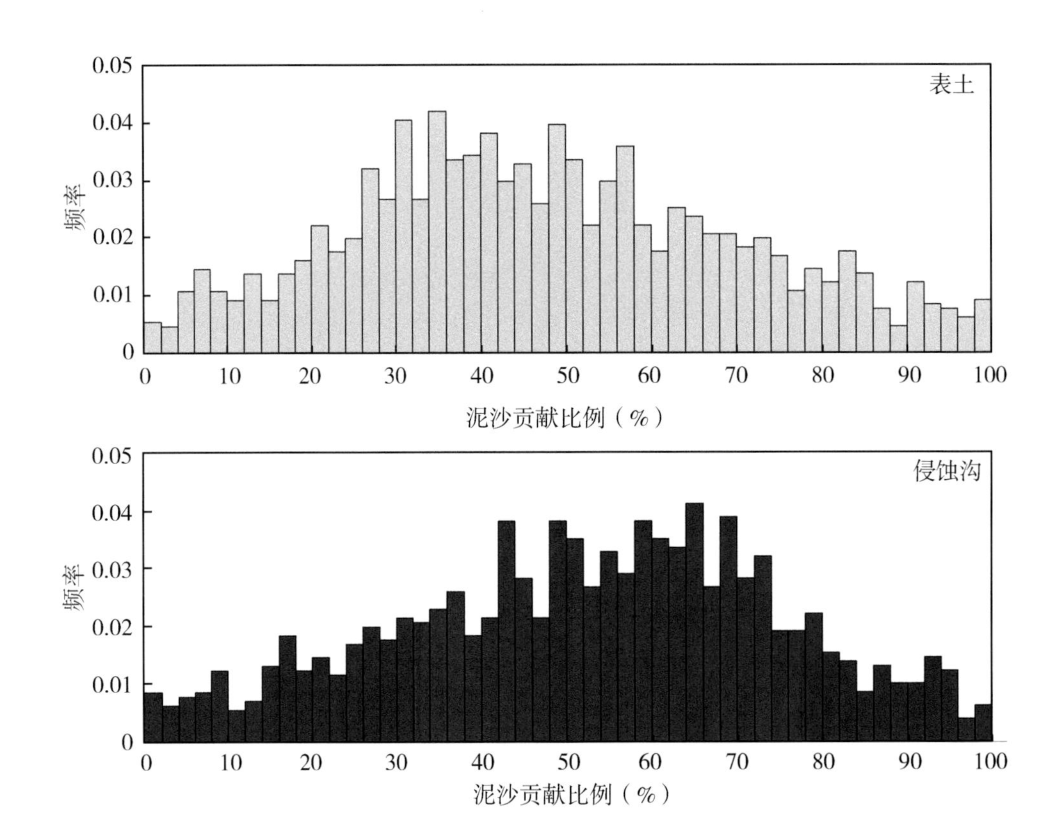

图 4-1　基于 ^{137}Cs 与 $^{210}Pb_{ex}$ 的 Walling-Collins 模型泥沙贡献比例定量结果

表 4-3　不同指纹组合的泥沙来源计算结果　　单位：%

指纹组合	指标	Walling-Collins 模型		Bayesian 模型	
		表土	侵蚀沟	表土	侵蚀沟
^{137}Cs 和 $^{210}Pb_{ex}$	均值	47.6	52.5	50.3	49.7
	标准差	22.5	22.5	3.0	3.0

（续表）

指纹组合	指标	Walling-Collins 模型		Bayesian 模型	
		表土	侵蚀沟	表土	侵蚀沟
最优复合指纹	均值	44. 6	55. 4	58. 8	41. 2
	标准差	14. 1	14. 1	2. 9	2. 9

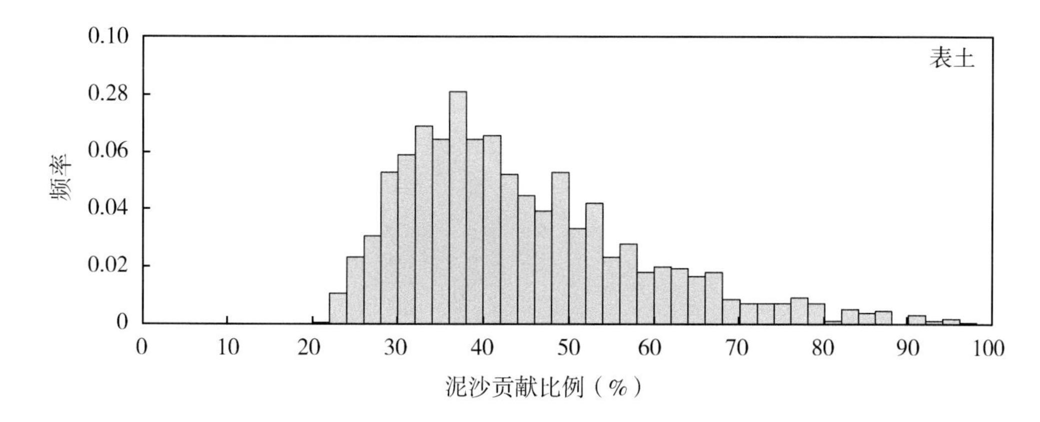

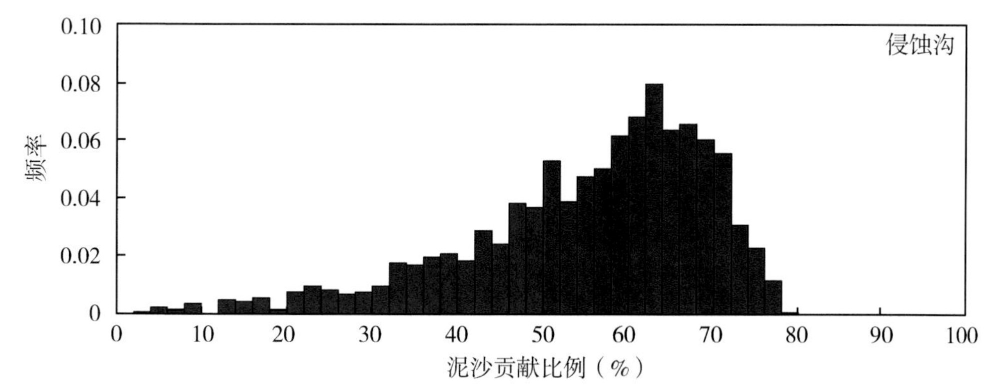

图 4-2　基于复合指纹的 Walling-Collins 模型泥沙贡献比例定量结果

4. 3. 2　基于 Bayesian 模型估算泥沙贡献比例

以放射性元素^{137}Cs 和^{210}Pb$_{ex}$为指纹，利用 Bayesian 模型估算表土与侵蚀沟泥沙贡献比的结果如图 4-3 所示。可以发现，两个泥沙源区各约贡献 50%的泥沙，其中表土 50. 3%（41. 3% ~ 61. 4%），侵蚀沟 49. 7%（38. 6% ~ 58. 7%），与 Walling-Collins 模型的估算结果相比，表土和侵蚀沟分别存在约 2. 8%的差异，估算结果非常稳定，标准差仅为 3. 0%（表 4-3）。

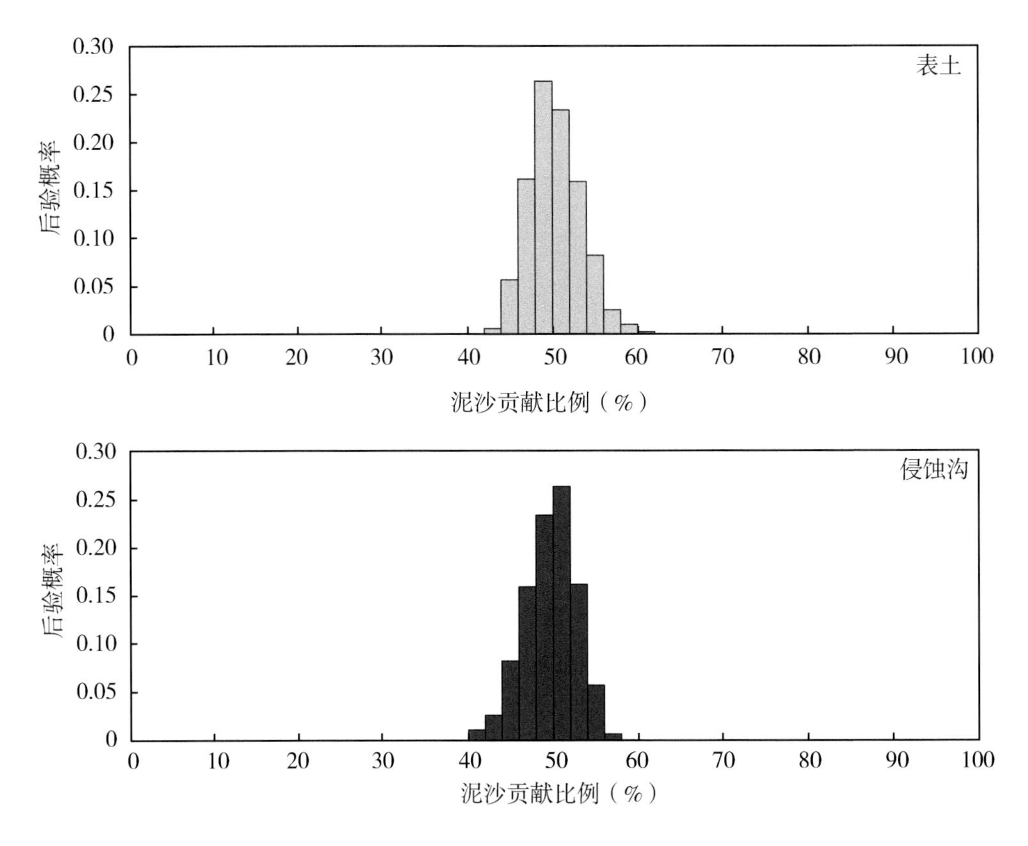

图 4-3　基于^{137}Cs与$^{210}Pb_{ex}$的 Bayesian 模型泥沙贡献比例定量结果

基于复合指纹采用 Bayesian 模型进行估算时（图 4-4），泥沙贡献比例结果相比以放射性元素^{137}Cs和$^{210}Pb_{ex}$为指纹计算得到的结果有所不同，表土的贡献比由 50.3%增加到 58.8%（49.6%~70.9%）。相应地，侵蚀沟的泥沙贡献比则由 49.7%降低为 41.2%（29.1%~50.4%），但计算稳定性略有提高，标准差降低了 0.1 个百分点，达到 2.9%。两种指纹组合的泥沙贡献比例计算结果相差 8.5%，且差异显著（$P<0.01$）。

4.3.3　基于单指纹的泥沙贡献比例

Walling-Collins 模型估算泥沙贡献比例的必要条件是指纹的数量（m）≥泥沙源区数量（n），并计算其最优解。但一些研究认为指纹数量不需要很多，只需要 $m=n-1$ 个，并计算其解析解即可（Fang，2015；Zhang et al.，2016）。为检验这种方法在东北黑土区泥沙来源比例计算中的可行性，本研究应用通过 Kruskal-Wallis H-检验和逐步多元判别分析的 5 个指纹——P、Ga、Rb、Ce、^{137}Cs 分别作为

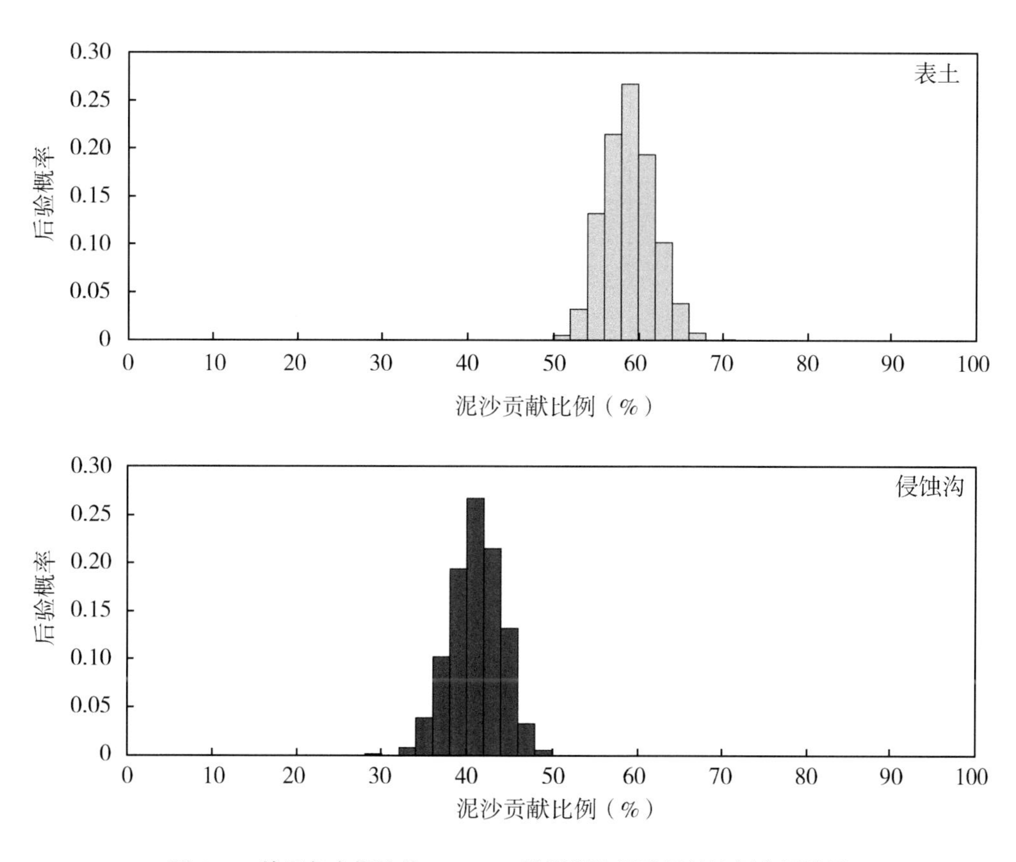

图 4-4　基于复合指纹的 Bayesian 模型泥沙泥沙贡献比例定量结果

单指纹，计算表土和侵蚀沟的泥沙来源比例，并得到了 95%置信水平的下限（Lower Limit，LL）和上限（Upper Limit，UL）（表 4-4）。通过 5 个单指纹计算得到的泥沙贡献比例与基于 Walling-Collins 模型和 Bayesian 模型的结果并无太大差别。其中，Ga 作为单指纹得到的泥沙来源比例与利用 Walling-Collins 模型以放射性元素^{137}Cs和$^{210}Pb_{ex}$作为指纹得到的结果基本相同，^{137}Cs作为单指纹得到的泥沙来源比例与利用 Walling-Collins 模型以最优复合指纹计算的结果基本一致，P、Rb、Ce 作为单指纹得到的泥沙来源比例与利用 Bayesian 模型以放射性元素^{137}Cs和$^{210}Pb_{ex}$作为指纹得到的结果非常相近。除 Rb 的判别能力稍低（72.5%）、结果标准误差略高（30.4）之外，其他 4 个单指纹的判别能力均在 80%以上，标准误差均在 10%以内。此外，Rb 在 95%置信水平下的 LL 和 UL 计算上，置信区间范围太大，不如其他 4 个指纹可靠。

表 4-4　单指纹泥沙贡献比例计算结果及其标准误差、95%置信水平下限（LL）和上限（UL）

单位:%

指纹	判别能力	表土				侵蚀沟			
		泥沙贡献比例	标准误差	95%LL	95%UL	泥沙贡献比例	标准误差	95%LL	95%UL
P	84.3	50.6	10.4	29.8	71.5	49.4	10.4	28.5	70.2
Ga	86.3	46.2	9.8	26.5	65.8	53.8	9.8	34.2	73.5
Rb	72.5	51.6	30.4	0.0	100.0	48.4	30.4	0.0	100.0
Ce	96.1	52.5	8.7	35.0	69.9	47.5	8.7	30.1	65.0
^{137}Cs	100.0	40.5	5.3	29.8	51.2	59.5	5.3	48.8	70.2

4.4　不同指纹的选择及其计算结果可信度

使用复合指纹进行的估算，有效减小了循环计算结果的离散程度，提高了泥沙贡献比例估算结果的可信度，因此标准差较直接使用放射性元素^{137}Cs和$^{210}Pb_{ex}$低，这在使用 Walling-Collins 模型时尤为明显，标准差由 22.5%大幅降低至 14.1%（表 4-3）。用于判别泥沙来源的土壤养分、金属元素、类金属元素、卤族元素、稀土元素和金属氧化物等指纹，浓度受地貌、植被、土地利用、气候等因素的共同作用，加之土壤侵蚀和输移过程的影响，保存性降低，不确定性增大。因此，在指纹较少的情况下，其判别潜在泥沙源区的准确度和可信度降低较为明显（如 Rb 作为单因子时，其判别能力只有 72.5%）。而复合指纹是对众多指纹在进行双边范围检验、非参数检验和逐步判别分析等统计分析方法基础上建立起来的最优指纹组合，降低了指纹引入模型过程中的盲目性和随意性，减少了计算结果的不确定性，增强了判别泥沙源区的精度。作为放射性核素，^{137}Cs和$^{210}Pb_{ex}$沉降后强烈吸附在土壤颗粒上，相对稳定，基本不受水分和植被的影响，在本研究中具备与复合指纹几乎相同的泥沙来源鉴别能力，表明其可作为该区沉积泥沙源地判别的理想示踪指纹。其中的^{137}Cs作为单指纹时，其对泥沙来源的判别率更是高达 100%，表现出了出色的示踪能力。但同时也应该注意到，受具体模型和算法的影响，不同示踪指纹计算的结果不全然相同，如以^{137}Cs作为单指纹计算得到的结果与以^{137}Cs和$^{210}Pb_{ex}$同时作为指纹和以最优复合指纹计算的结果存在一些差异，这种差异不从本质上影响泥沙贡献比例，反映了这些指纹所依附泥沙的实际搬运和沉积过程。

4.5　不同计算模型的对比分析

总体上，Walling-Collins 模型和 Bayesian 模型计算泥沙来源的结果比较相近，但二者之间仍存在着一些差别。一是在泥沙来源的比例上，Walling-Collins 模型计算的侵蚀沟贡献较表土高，Bayesian 模型计算的结果则刚好相反。二是在计算结果的稳定性上，Bayesian 模型明显偏高。使用该模型时，不论采用哪种指纹组合，标准差均较 Walling-Collins 模型小（表 4-3），这与两个模型的计算原理不无关系。Bayesian 模型充分利用了先验信息，根据先验分布［$p(f_q)$］的均值和方差（$\widehat{\mu_j}$，$\widehat{\sigma_j}$），给出参数的先验估计值和估计值的不确定性。然后应用不同时点依次给出的观察数据（data）实现对参数的估计。在获得任何数据之前，均用先验分布进行推断。当获得一组数据时，将第一组数据得到的后验分布作为先验分布，加入新数据得到下一步的后验分布，并更新参数的估计值。其重要抽样的重采样过程也均是从重要抽样函数中抽取样本，并对样本进行加权重抽样，最终使得样本近似目标函数。而 Walling-Collins 模型则是在所有泥沙源区指纹浓度为正态分布的假设条件下，应用拉丁超立方抽样过程，保障样本在空间中的投影均匀性，并利用遗传算法，在多元混合线性方程的相对误差平方和取最小值的情况下，估算出其全局最优值。因此，相对而言，多元混合线性模型估算结果的波动范围值较大，Bayesian 模型的估算结果则较为稳定。但同时应该注意到，这种差别源于模型的计算机理，不能由此否认 Walling-Collins 模型的计算结果准确性。实际上，通过对不同指纹组合估算结果的 MAF 进行计算后发现，该值>0.9，表明基于 Walling-Collins 模型的计算结果同样可靠。因此在后续的实际应用中，两种模型均可用来计算该区不同物源泥沙的相对贡献比。

4.6　由沉积泥沙反映出来的东北黑土区沟蚀的严重性

根据全国第一次水利普查，东北黑土区侵蚀沟数量达 29.6×10^4 条，其中

88.67%为发展型侵蚀沟（顾广贺等，2015）。近年来呈现出数量不断增加、密度不断变大的特点（阎百兴等，2008）。本研究区中，侵蚀沟所占面积比不足1%，却贡献了近50%的沉积泥沙，几乎与占流域面积约90%的农、林、草3种土地利用中的表土流失量相当。侵蚀沟本身就处于流域内微地形的汇水区，侵蚀沟相比其他土地利用方式中的表土更易被径流所搬运，所以具有更高的泥沙输移比，其不断发育扩张导致的大量土壤流失已对黑土资源造成了极为严重的破坏，对其进行全面、系统的治理已迫在眉睫。

4.7 本章小结

研究应用目前使用最为广泛的 Walling-Collins 模型、Bayesian 模型以及单指纹的解析解方法定量了东北黑土区典型小流域沉积泥沙中来自表土和侵蚀沟的比例。研究表明，3种方法的计算结果大体一致，沉积泥沙中，表土和侵蚀沟各约贡献50%。其中，Walling-Collins 模型计算的侵蚀沟贡献较表土高，Bayesian 模型计算的结果刚好相反，5个单因子则各有不同。在计算结果的稳定性上，Bayesian 模型明显偏高，Walling-Collins 模型的平均绝对拟合度值（MAF）大于0.9。P、Ga、Ce、^{137}Cs 4个指纹的判别能力不俗，计算结果同样可靠。尤其，^{137}Cs 的泥沙源区正确判别率高达100%，泥沙贡献比例的标准误差和置信区间范围最小，与基于复合指纹的泥沙贡献比例定量结果接近。

该区侵蚀沟在发育过程中引起了大量的土壤流失，以不足1%的面积贡献了与面积占比约90%的农、林、草3种土地利用表土相近的泥沙。后续研究应在进一步探讨不同要素对侵蚀沟影响的基础上，明确其发生发展规律，并针对不同沟蚀环境、发育阶段和发展形态，因地制宜地采取行之有效的生物、工程防治措施。

第 5 章　小流域尺度泥沙来源研究

水库的沉积泥沙中赋存着大量的上游流域土壤侵蚀信息，为研究流域环境变化（水土保持措施、土地利用变化和气候变化）与土壤侵蚀的响应关系提供了有利条件。小流域出口处修建的水库自修建以来一直妥善管理，常年蓄水，无人为扰动，是研究东北黑土区典型小流域土壤流失历史的理想选址。

目前，大部分研究仅布设 1～3 个水库泥沙沉积剖面采样点，试图解译上游流域的土壤侵蚀和泥沙贡献比例的动态变化（Dong et al.，2013；Fang，2015；Zhang et al.，2015）。然而，单个或少数的泥沙沉积剖面不足以提供准确的流域泥沙迁移信息，需要了解水库不同位置的泥沙沉积情况，才能准确地反演上游流域的土壤侵蚀过程。本章内容是采集多个泥沙沉积剖面，解译近 40 年来东北黑土区小流域尺度泥沙来源及水库泥沙沉积速率的动态变化。

5.1　沉积泥沙采集

2017 年 1 月 16 日，待水库水面结冰后，使用活塞式柱状沉积物采样器（内径 6.0 cm，高 120 cm）进行采样工作（图 5-1）。在小流域（鹤北小流域27.6 km^2）出口处水库的不同位置采集泥沙沉积剖面 S1、S2、S3、S4、S5 和 S6，共 6 个（图 5-2）。其中，S1、S2、S3 和 S4 是沿着大坝的垂直中分线每隔约 120 m 进行采集，S5 和 S6 采集于水库的东、西两侧。对每个泥沙沉积剖面以 3 cm 增量分层采集，共 181 个层样。

图 5-1　水库泥沙沉积剖面采集

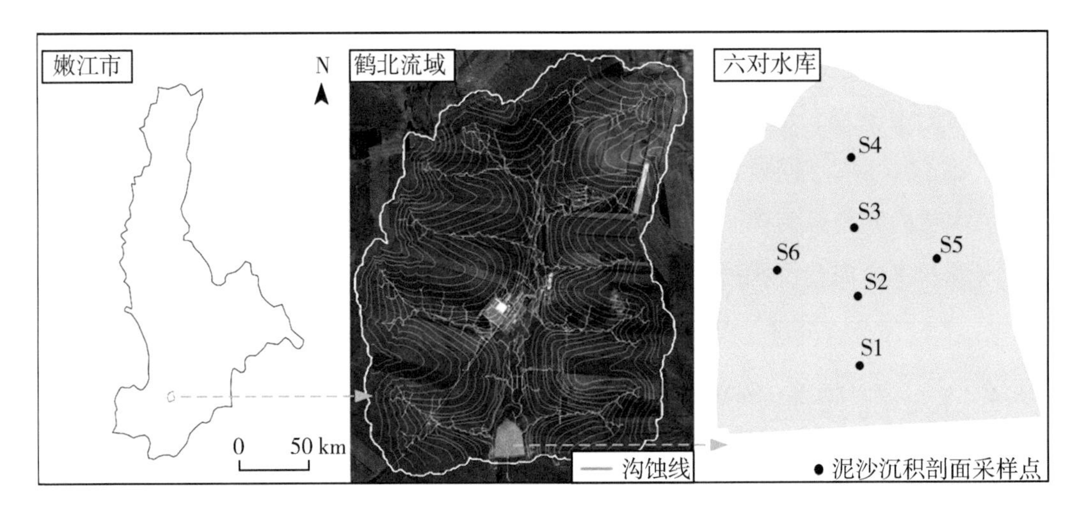

图 5-2　水库沉积剖面采样点分布

5.2　结果与讨论

5.2.1　复合指纹筛选

比较泥沙源区土壤和沉积剖面泥沙元素的浓度进行双边范围检验，剔除非保存性元素。如果泥沙的元素浓度大于泥沙源区元素的最大值或小于最小值，判断该元素不满足保存性假设条件，受流域活动和环境变化的影响较大，不宜筛选为泥沙来源示踪指纹，需要从潜在指纹群中剔除。使用 X 射线荧光光谱分析仪测试 29 种元素，其中 Mn、Cu、Zn、Br、Rb、Sr、Y、Zr、Nb、SiO_2、Al_2O_3、Fe_2O_3、MgO、CaO、Na_2O、K_2O 16 种元素未能通过双边范围检验，说明在泥沙搬运、沉积和环境变化过程中表现不稳定，形态变化较大，而 P、Ti、V、Cr、Co、Ni、Ga、As、Ba、La、Ce、Nd、Pb 13 个元素通过检验（表 5-1）。

表 5-1　双边范围检验

指纹	泥沙源区土壤		沉积泥沙	
	最小值	最大值	最小值	最大值
P[†]	584.73	1 124.17	778.96	1 108.57
Ti[†]	3 843.98	5 546.38	5 001.27	5 304.69
V[†]	65.63	125.56	100.35	109.40
Cr[†]	41.65	90.44	73.60	80.48
Mn	693.45	1 053.26	580.01	722.97
Co[†]	17.18	19.11	18.82	19.05
Ni[†]	16.71	41.09	30.81	34.14
Cu	12.44	17.21	21.76	24.24
Zn	48.03	54.36	69.14	76.57
Ga[†]	9.44	25.00	19.71	21.24
As[†]	7.53	15.97	11.27	13.39
Br	2.90	5.10	5.05	5.82
Rb	89.69	102.71	115.19	124.17
Sr	125.43	129.90	121.09	128.97
Y	17.88	21.45	24.66	26.51
Zr	176.29	205.02	158.43	169.76
Nb	10.94	13.17	14.38	15.30
Ba[†]	643.80	947.46	659.45	678.93
La[†]	36.31	39.43	36.66	38.92
Ce[†]	72.81	134.25	86.50	92.66
Nd[†]	28.98	31.79	29.76	30.14
Pb[†]	10.83	25.04	18.66	21.28

（续表）

指纹	泥沙源区土壤		沉积泥沙	
	最小值	最大值	最小值	最大值
SiO_2	55.25	63.82	58.64	68.38
Al_2O_3	13.08	15.17	16.21	16.91
Fe_2O_3	4.37	4.85	5.89	6.51
MgO	1.09	1.19	1.41	1.54
CaO	0.82	1.05	0.98	1.20
Na_2O	1.13	1.30	1.01	1.13
K_2O	2.30	2.54	2.41	2.58

注：†通过双边范围检验。

通过双边范围检验的13种元素进入非参数检验，筛选潜在泥沙源区间差异显著的指纹，发现Co、La、Nd 3种元素在3个泥沙源区中差异不显著，未能通过检验。剩余P、Ti、V、Cr、Ni、Ga、As、Ba、Ce、Pb这10种元素通过Kruskal-Wallis H-检验，在$P<0.05$水平上差异显著，进入下一步筛选过程（表5-2）。

表5-2 Kruskal-Wallis H-检验

指纹	*H*值	*P*值	指纹	*H*值	*P*值
P	32.09	0.000	As	51.75	0.000
Ti	35.58	0.000	Ba	54.78	0.000
V	43.34	0.000	La	4.77	0.092*
Cr	43.93	0.000	Ce	54.86	0.000
Co	0.81	0.666*	Nd	5.00	0.082*
Ni	42.05	0.000	Pb	48.56	0.000
Ga	57.55	0.000			

注：*表示在$P<0.05$水平上统计学上差异不显著。

为了以最少数量的指纹判别泥沙源区土壤样本，利用逐步多元判别分析法对通过Kruskal-Wallis H-检验的10种元素进行进一步筛选。根据问题所具备的数据条件以及研究侧重点的不同，判别分析方法有距离判别、Bayes判别和Fisher判别3种。应用SPSS的判别分析过程中默认的Fisher判别方法，其基本思想是经过投影将多维问题简化为一维问题处理，即选择一个合适的投影方向，使得同一个泥沙源区元素的投影值所形成的离差尽可能小，而不同泥沙源区元素的投影值所形成的离差尽可能大，最终给出的是标准化的 Fisher 判别函数的系数。表 5-3 为典型判别函数的特征值、判别指数（方差%）和典型相关系数。在判别分析中，判别函数的方差量是使用相应的特征值表示，即组间偏差平方（*SSF*）和与组内偏差平方（*SSE*）和之比，特征值越大，相应判别函数的判别能力越强。第一个和第二个判别函数特征值分别为 29.696 和 4.018。两个判别函数中第一个函数可以判别 88.1%的分类，第二个函数可以判别 11.9%，累积贡献率达到 100%。典型相关系数计算方法如下。

$$\text{典型相关系数} = \sqrt{\frac{\text{特征值}}{1 + \text{特征值}}}$$

其值越大，在这一判别轴上分类差异越明显。两个判别函数对应的典型相关系数均在 0.85 以上，分别为 0.984 和 0.895，说明在判别轴上的分类差异明显。

表 5-3　典型判别函数的特征值

判别函数	特征值	方差（%）	累积方差（%）	典型相关性
Function1	29.696[a]	88.1	88.1	0.984
Function2	4.018[a]	11.9	100.0	0.895

注：a 利用前两个典型判别函数。

表 5-4 是典型判别函数的有效性检验结果，Wilks' Lambda 统计量值越小，表明相应的判别函数越显著。发现通过 Kruskal-Wallis H-检验的 10 种元素中，Ba、Ga、Ce 和 Ti 的组合表现最佳，具有最高的累积判别率，筛选为最优复合指纹，并能以 98.6%准确度判别该研究区的耕地、非耕地和侵蚀沟 3 个泥沙源区。每步累积判别率为 91.3%、97.1%、98.6% 和 98.6%，单步骤判别率分别为 91.3%、89.9%、84.1%和 60.9%。

表 5-4　逐步判别分析

步骤	指纹	Wilks' Lambda	泥沙源区累计判别率（%）	各因子泥沙源区判别率（%）	*P* 值
1	Ba	0.048	91.3	91.3	0.000
2	Ga	0.014	97.1	89.9	0.000
3	Ce	0.008	98.6	84.1	0.000
4	Ti	0.006	98.6	60.9	0.000

根据典型判别函数的有效性检验得出的 Ba、Ga、Ce、Ti 4 个变量，向耕地、非耕地、侵蚀沟 3 种泥沙源区投影 Fisher 判别方法获得的点，并得到了相应泥沙源区线性分类函数的系数（表 5-5）。根据此系数得到的分类函数如下。

$$y_{耕地} = 0.008x_1 + 4.841x_2 + 1.158x_3 + 1.117x_4 - 549.997 \quad 5-1$$

$$y_{非耕地} = 0.012x_1 + 2.521x_2 + 1.494x_3 + 1.389x_4 - 837.417 \quad 5-2$$

$$y_{侵蚀沟} = 0.012x_1 + 3.056x_2 + 1.046x_3 + 0.764x_4 - 423.768 \quad 5-3$$

式中，x_1为 Ba 浓度（μg/g）；x_2为 Ga 浓度（μg/g）；x_3为 Ce 浓度（μg/g）；x_4为 Ti 浓度（μg/g）。

将泥沙源区土壤样品的 Ba、Ga、Ce 和 Ti 实测值带入上述 3 个判别函数，比较 3 个函数值，哪个函数值大，则判定该点属于相应的泥沙源区。

表 5-5 典型判别函数系数

指纹	泥沙源区		
	耕地	非耕地	侵蚀沟
Ti	0.008	0.012	0.012
Ga	4.841	2.521	3.056
Ba	1.158	1.494	1.046
Ce	1.117	1.389	0.764
常数	-549.997	-837.417	-423.768

根据 Fisher 判别函数的标准化系数（表 5-6），发现第一个判别函数受 Ba 和 Ce 的影响较大，而第二个判别函数受 Ga、Ce 和 Ti 的影响较大。

表 5-6 Fisher 判别函数的标准化系数

指纹	Function1	Function2
Ti	0.069	-0.618
Ga	-0.220	1.164
Ba	0.936	0.119
Ce	0.535	0.682

为了直观地表达不同泥沙源区土壤样本的归属及其在判别函数为坐标轴的分布情况，根据筛选出来的指纹的结构矩阵（表 5-7）及组重心处的判别函数系数表

（表 5-8）做出了样本的判别式得分散点图（图 5-3）。在以两个判别函数为基础的二维空间上各自判别 88.1%和 11.9%的分类。

表 5-7　结构矩阵

指纹	Function1	Function2
Ba	0.817*	-0.079
Ga	-0.347	0.787*
Ce	0.316	0.422*
Ti	-0.148	0.315*

注：* 表示最大绝对相关性。

表 5-8　类重心处的判别函数系数

泥沙源区	Function1	Function2
耕地	-1.760	2.358
非耕地	8.738	-0.747
侵蚀沟	-4.573	-2.092

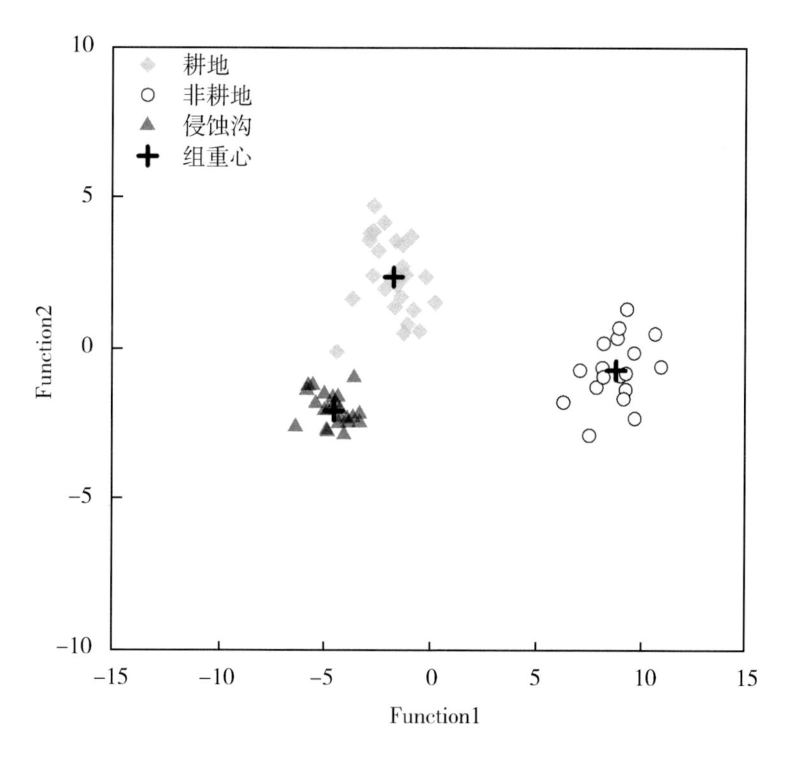

图 5-3　基于判别式的泥沙源区样本散点图

5.2.2 沉积剖面特征

5.2.2.1 ^{137}Cs 分布

图 5-4 为泥沙沉积剖面^{137}Cs 质量活度的垂直分布。剖面 S1 离大坝最近，其初始采集深度为 75 cm。^{137}Cs 活度随泥沙沉积深度无明显的变化规律和趋势。剖面^{137}Cs 均值为 5.4 Bq/kg，变化范围为 3.2～7.8 Bq/kg，其最小值和最大值分别出现在 48 cm 和 63 cm 深处。剖面 S1 底部有植被，是水库的原始土壤表面，标志着修建水库的时间，即 1976 年（图 5-4a）。

剖面 S2 位于水库中心附近，采集深度为 51 cm。0～33 cm 的^{137}Cs 活度均值为 8.0 Bq/kg，随沉积深度无变化规律。36 cm 深处的^{137}Cs 活度激增，达峰值 79.2 Bq/kg，标志着^{137}Cs 峰值年，即 1963 年。39～51 cm 的^{137}Cs 活度接近于零，说明该层不是上游流域的泥沙沉积物（图 5-4b）。

剖面 S3 同样位于水库中心附近，采集深度为 54 cm（图 5-4c）。0～33 cm 的^{137}Cs 活度均值为 7.0 Bq/kg，随深度变化较小。在 36 cm 深处发现^{137}Cs 活度峰值，活度为 125.7 Bq/kg。而在 39 cm 深处^{137}Cs 活度骤然下降至 43.1 Bq/kg。该现象是上层沉积泥沙中的^{137}Cs 迁移至下层所致，判断该层不是上游流域的泥沙沉积物。42～54 cm 的^{137}Cs 活度基本为零，同样不是泥沙沉积物。

剖面 S4 离水库入口最近，采集深度为 81 cm（图 5-4d）。0～15 cm 的^{137}Cs 活度随深度呈逐渐增大的趋势，在 15 cm 深处发现^{137}Cs 活度峰值。18～81 cm 的^{137}Cs 活度很小，几乎为零，判断该层不是上游流域的泥沙沉积物。

剖面 S5 位于水库东侧，采集深度为 93 cm，在 6 个剖面中最深（图 5-4e）。与剖面 S1 相同，S5 的^{137}Cs 活度随泥沙沉积深度无明显的变化规律和趋势，均值为 5.2 Bq/kg，变化范围为 1.7～7.6 Bq/kg，最大值与最小值分别在 93 cm 和 12 cm 深处。在剖面底部发现植被，标志着水库建设年，即 1976 年。

剖面 S6 位于水库西侧，采集深度为 81 cm（图 5-4f）。0～57 cm 的^{137}Cs 活度均值为 5.7 Bq/kg，变化范围为 2.2～12.2 Bq/kg，其最大值和最小值的对应深度分别为 57 cm 和 9 cm。与剖面 S2、S3 和 S4 相同，在 60 cm 深处发现^{137}Cs 活度峰值，标志着 1963 年。63 cm 深处^{137}Cs 活度突降，且 66～81 cm 的^{137}Cs 活度几乎位零，表明此深度的泥沙为原有土层。

实际上除剖面 S1 和 S5 外，在其余 4 个剖面（S2、S3、S4、S6）均发现明显的

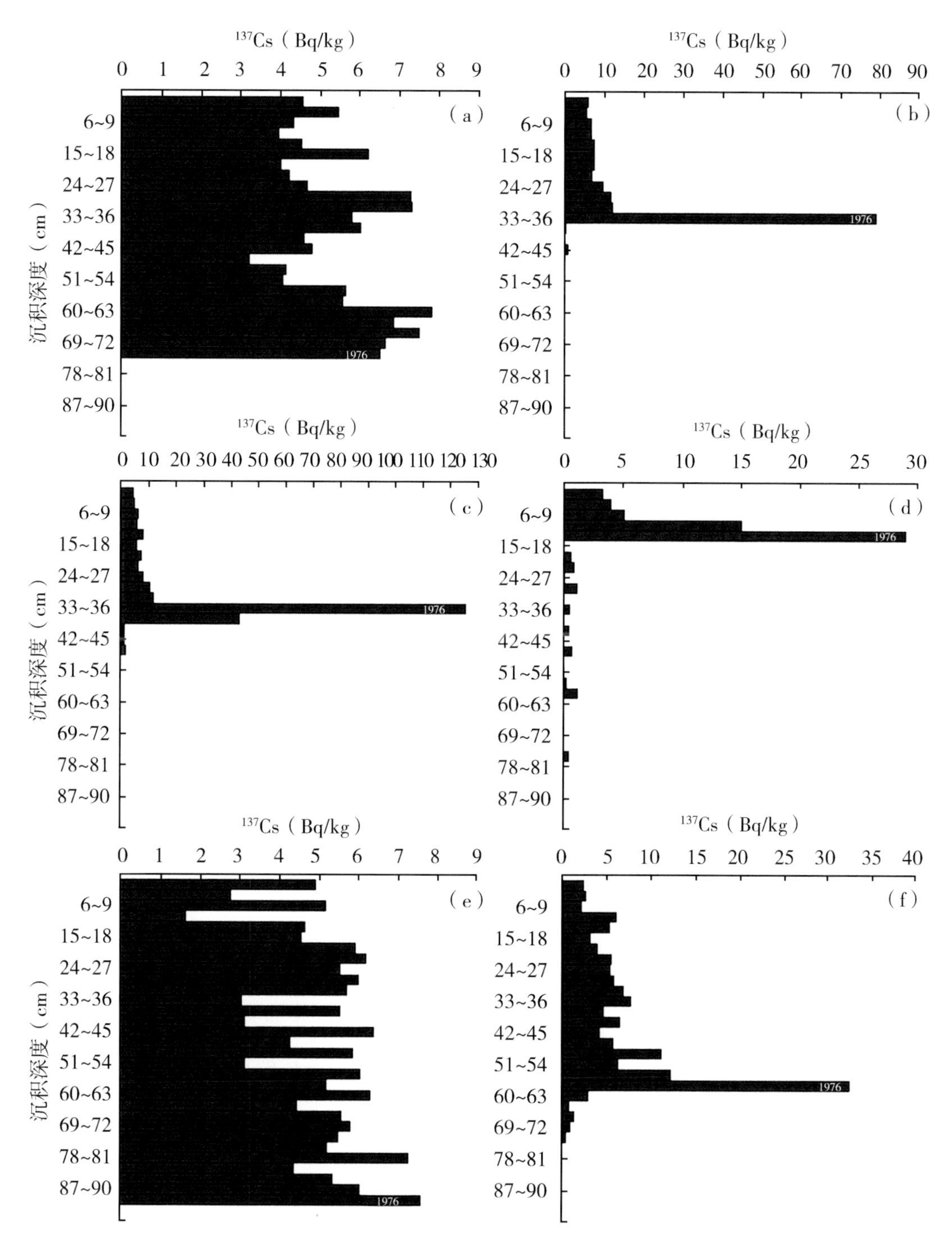

图 5-4　剖面 S1（a）、S2（b）、S3（c）、S4（d）、S5（e）和 S6（f）的 ^{137}Cs 活度

植被层，且与 ^{137}Cs 峰值出现在相同的沉积层。水库修建于 1976 年，在此之前不会出现泥沙沉积现象，所以剖面 S2、S3、S4 和 S6 的 ^{137}Cs 峰值标志着水库原始的土壤表面。它们反映了 1963 年的峰值，但与水库的初始泥沙沉积时间无关。因此，判断水库泥沙的沉积时间应为 1976—2016 年，而不是 1963—2016 年。另外，走访当地居民了解到，修建水库之前，水库的部分区域受耕作活动的影响，原始土壤表面有受到扰动的情况，这也很好地解释了为什么在剖面 S1 和 S5 中未能发现^{137}Cs 的峰值。

5.2.2.2　机械组成

粒径是土壤物理性质的重要组成部分（Huang et al.,2005；Hwang et al.,2003；Montero，2005），泥沙沉积剖面的粒径分布可以反映当时的流域环境，为反演流域土壤侵蚀和泥沙沉积的历史信息提供有力依据（Dearing et al.,2007；Zhang et al.,2015；Zhang et al.,2015）。

经分析，水库的沉积泥沙主要以粉粒（2~63 μm）为主，其次为黏粒（<2 μm），沙粒（63~2 000 μm）含量最少，分别占 78.8%、20.3%和 0.9%（图 5-5）。水库不同位置沉积泥沙的机械组成有所差异。剖面 S1 的黏粒、粉粒和沙粒的含量分别为 22.0%、77.5% 和 0.5%，其变化范围分别为 16.2% ~ 31.9%、68.0% ~

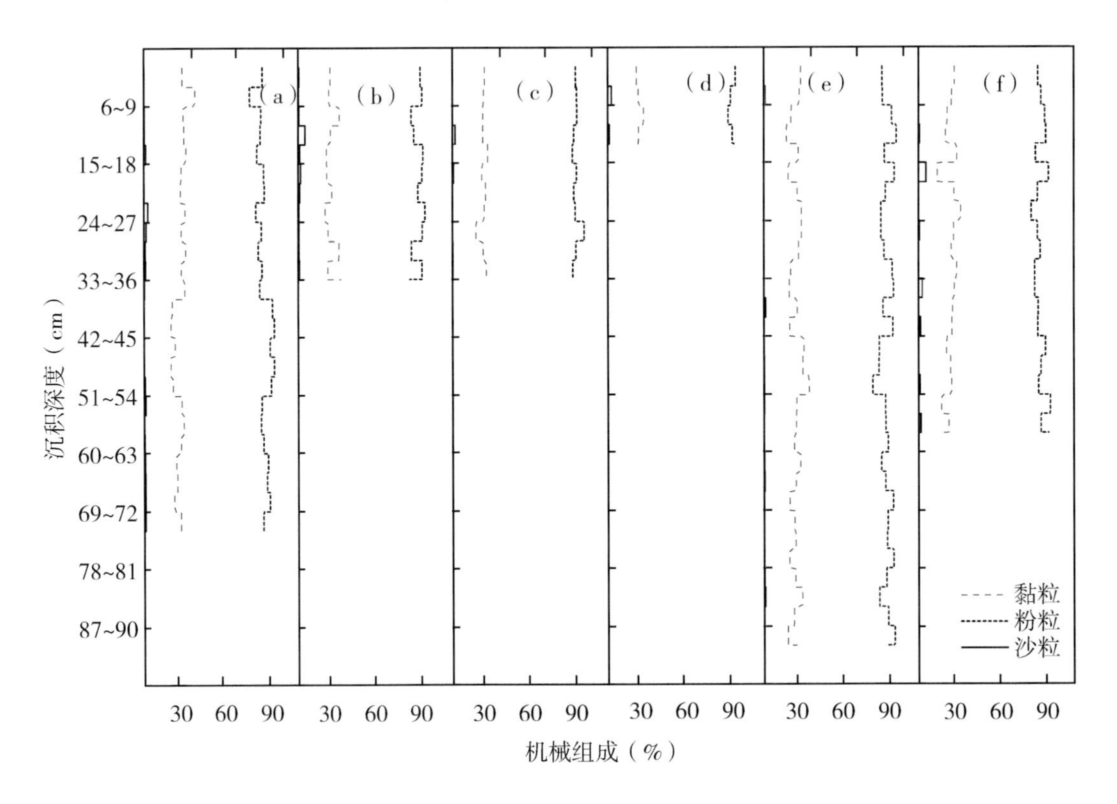

图 5-5　沉积剖面 S1（a）、S2（b）、S3（c）、S4（d）、S5（e）和 S6（f）的机械组成

83.7%、0.0%~2.6%（图 5-5a）；S2 黏粒、粉粒和沙粒的含量分别为 21.2%、78.0%和 0.8%，其变化范围分别为 17.3%~27.7%、72.3%~82.4%、0.0%~4.1%（图 5-5b）；S3 黏粒、粉粒和沙粒的含量分别为 19.0%、80.2%和 0.8%其变化范围分别为 15.1%~22.7%、77.2%~84.9%、0.0%~2.2%（图 5-5c）；离水库入口最近的沉积剖面 S4 的沙粒含量明显大于其他剖面，黏粒、粉粒和沙粒的含量分别为 18.7%、80.0%和 1.3%，其变化范围分别为 18.2%~22.8%、76.9%~81.7%、0.1%~2.2%（图 5-5d）；水库东侧泥沙沉积剖面 S5 的黏粒、粉粒和沙粒的含量分别为 20.7%、78.9%和 0.4%，其变化范围分别为 14.7%~29.1%、70.1%~85.3%、0.0%~1.6%（图 5-5e）；西侧泥沙沉积剖面 S6 的黏粒、粉粒和沙粒的含量分别为 20.4%、78.4%和 1.3%，其变化范围分别为 11.8%~27.1%、72.5%~84.7%、0.1%~4.6%（图 5-5f）。可以看出，自水库入口至大坝，剖面的沙粒含量呈逐渐降低的趋势，而黏粒和粉粒含量呈逐渐增大的趋势。这是由于径流进入水库后动能骤然减小，导致泥沙粒径分选，使粗颗粒先沉积，细颗粒搬运更远。

中位粒径（D_{50}）是代表土壤粒径大小的典型值。D_{50}值准确地将整体粒度分布划分为二等份，即大于它的颗粒占 50%，小于它的粒径也占 50%。在 6 个泥沙沉积剖面的粒径分布中均有 D_{50}峰值，结合流域降雨侵蚀事件，可以判定该层是由 1998 年百年一遇的洪水事件引起的泥沙沉积（Dong et al.,2013）。剖面 S1 的 D_{50}峰值在 24 cm 深处（图 5-6a）、剖面 S2 和 S3 在 12 cm 深处（图 5-6b、图 5-6c）、剖面 S4 在 6 cm 深处（图 5-6d）、剖面 S5 在 39 cm 深处（图 5-6e）、剖面 S6 在 18 cm 深处（图 5-6f）。泥沙沉积剖面 S1、S2、S3、S4、S5 和 S6 的 D_{50}均值分别为 4.6 μm、5.2 μm、5.3 μm、6.7 μm、4.7 μm 和 5.1 μm，其变化范围分别为 2.9~10.0 μm、3.5~8.8 μm、4.3~8.4 μm、4.9~10.5 μm、3.2~8.9 μm 和 3.7~10.2 μm。剖面 S4 的泥沙粒径最大，S1 的最小，从水库入口至大坝，沉积剖面的 D_{50}呈逐渐减小的趋势，表明沉积泥沙的粒径有逐步减小的趋势，与剖面泥沙机械组成的结果一致。

5.2.3　指纹浓度特征

表 5-9 为小流域的耕地、非耕地和侵蚀沟 3 个泥沙源区复合指纹的浓度。其中耕地的 Ti、Ga、Ba、Ce 等复合指纹的浓度均值分别为 5 546.4 μg/g（CV = 10.4%）、108.4 μg/g（CV = 13.5%）、25.0 μg/g（CV = 14.1%）、698.7 μg/g（CV = 4.1%）；非耕地的浓度分别为 3 844.0 μg/g（CV = 8.9%）、134.2 μg/g

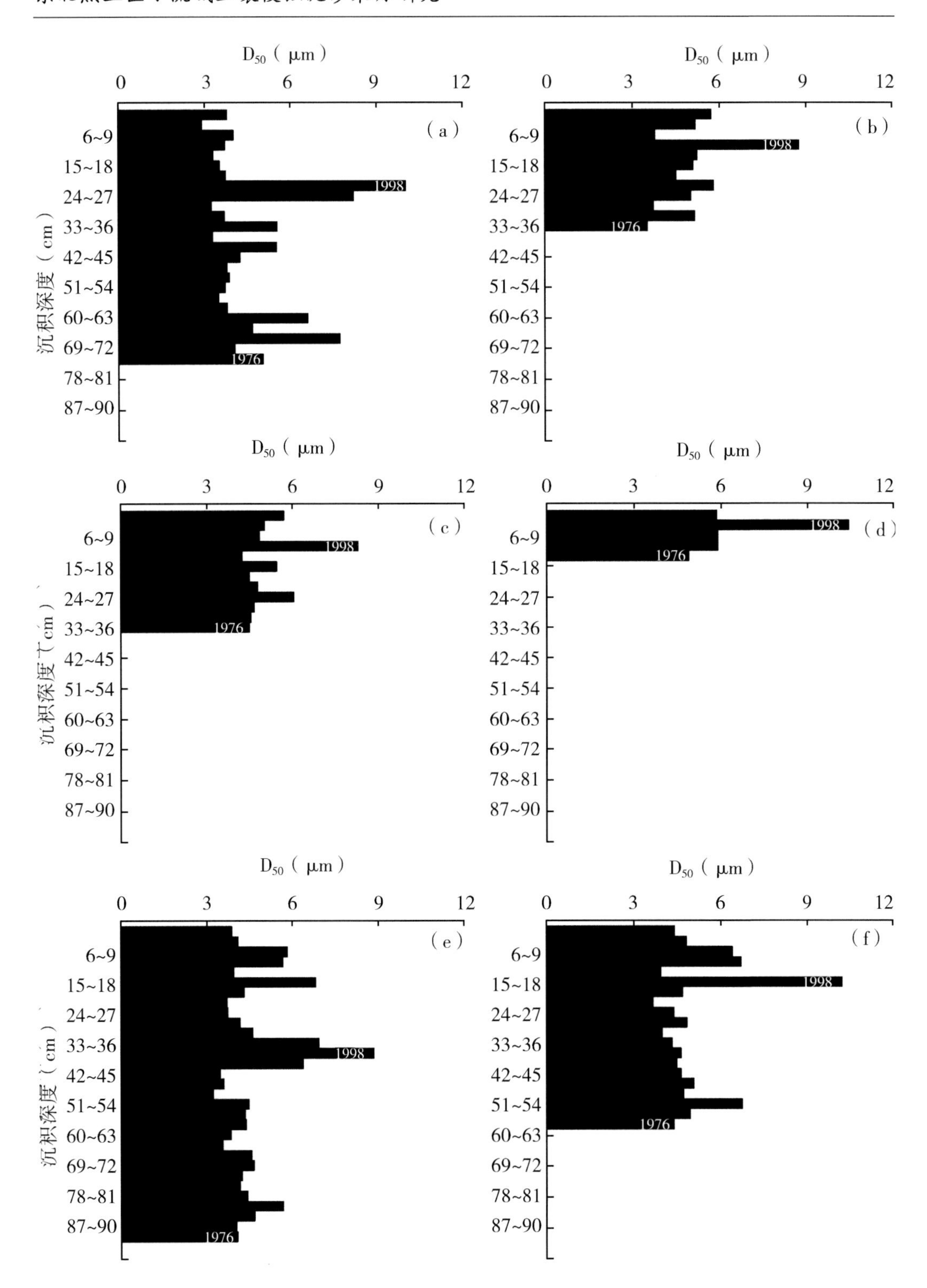

图 5-6　沉积剖面 S1（a）、S2（b）、S3（c）、S4（d）、S5（e）和 S6（f）的 D_{50}分布

（CV=9.4%）、9.4 μg/g（CV=15.5%）、947.5 μg/g（CV=3.5%）；侵蚀沟的浓度

分别为 4 884.4 μg/g（*CV*=18.8%）、72.8 μg/g（*CV*=14.7%）、18.6 μg/g（*CV*=9.4%）、643.8 μg/g（*CV*=3.6%）。发现复合指纹中 Ba 浓度在泥沙源区的 *CV* 值最小，空间分布最为稳定。相对于泥沙源区，沉积剖面的指纹浓度的 *CV* 值均小，变化较为稳定（表 5-9），但垂直分布无明显规律（图 5-7）。除 Ba 以外，不同沉积剖面之间指纹浓度差异显著（$P<0.05$）（表 5-10）。通过 Pearson 相关性分析发现（表 5-11），不同位置沉积剖面的指纹浓度相关性有差异。如剖面 S1 和 S5 的指纹浓度间相关性均显著（$P<0.05$），而剖面 S2 和 S3 的指纹浓度间相关性均不显著（$P>0.05$），其余剖面（S4、S6）的指纹浓度间部分相关性显著。以上沉积剖面的指纹浓度特征，间接说明水库不同位置的沉积泥沙其来源必然存在差异。

表 5-9　复合指纹浓度特征

泥沙源区/剖面	指标	指纹				泥沙源区样品数量/沉积层数量
		Ti（μg/g）	Ga（μg/g）	Ba（μg/g）	Ce（μg/g）	
耕地	均值	5 546.0	25	698.7	108.4	27
	CV（%）	10.4	14.1	4.1	13.5	
非耕地	均值	3 844	9.4	947.5	134.3	18
	CV（%）	8.9	15.5	3.5	9.4	
侵蚀沟	均值	4 884.0	18.6	643.8	72.8	24
	CV（%）	18.8	9.4	3.6	14.7	
S1	均值	5 305	23.1	676.4	100.1	26
	CV（%）	3.6	8.8	2.5	5.7	
S2	均值	5 285.0	23.3	674.7	98.2	12
	CV（%）	1.9	4.9	1.3	6.3	
S3	均值	5 238.0	22.8	676.8	95.2	12
	CV（%）	2.3	6.7	1.5	5.1	
S4	均值	5 126.0	19.7	659.5	88.5	5
	CV（%）	2.2	10.8	2.9	2.6	
S5	均值	5 258.0	21.1	678.9	91.3	31
	CV（%）	2.8	7.7	2.0	7.8	
S6	均值	5 179.0	20.8	671.3	88.7	20
	CV（%）	3.1	9.0	1.5	7.6	

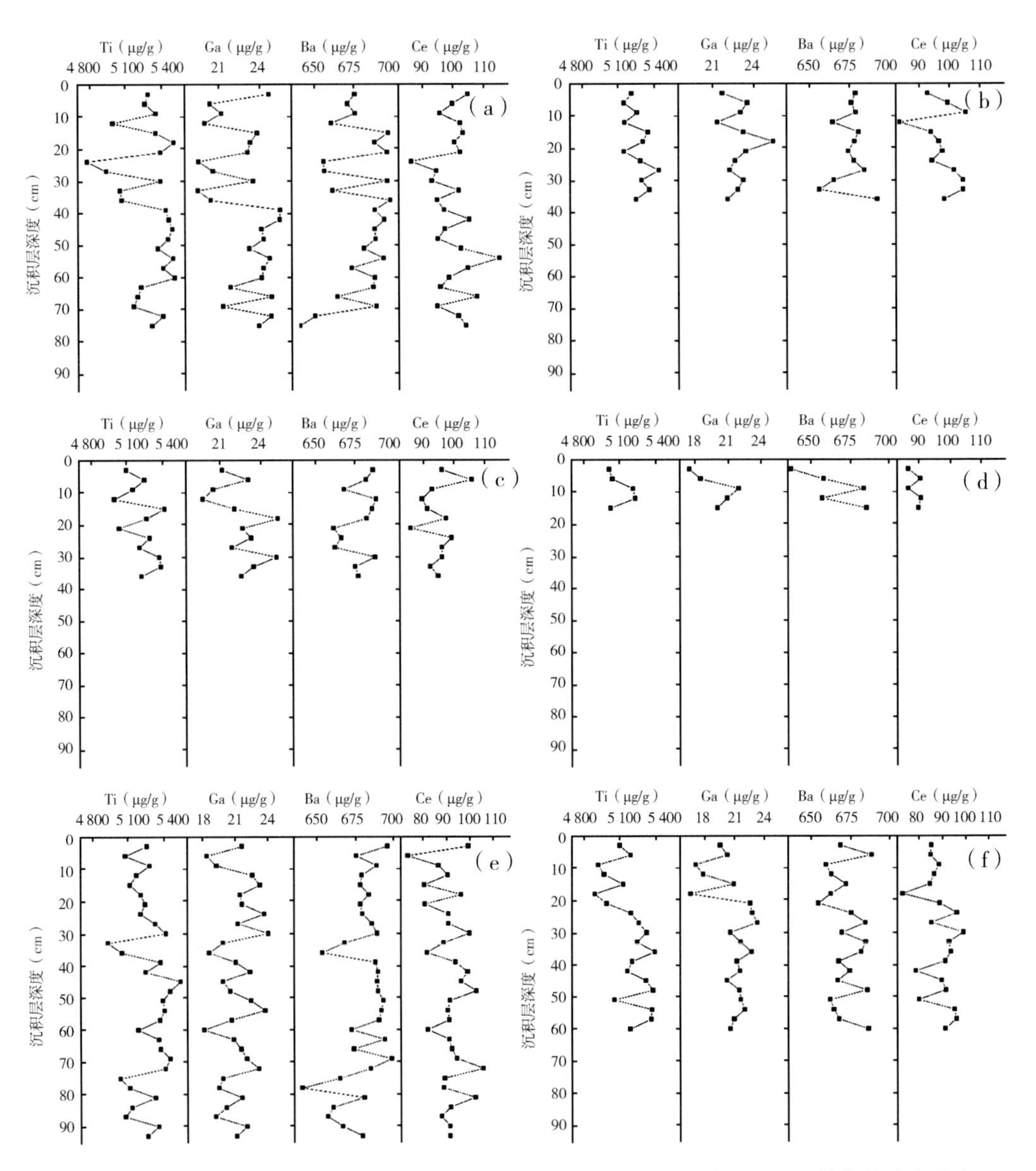

图 5-7　沉积剖面 S1（a）、S2（b）、S3（c）、S4（d）、S5（e）和 S6（f）的指纹浓度分布

表 5-10　沉积泥沙中指纹差异性检验

指纹	*H* 值	自由度	*P* 值
Ti	11.796	5	0.038*
Ga	27.472	5	0.000*
Ba	8.893	5	0.113
Ce	38.592	5	0.000*

注：* 表示 $P<0.05$ 水平上差异显著。

表 5-11　沉积剖面的指纹浓度相关性分析

S1	Ti	Ga	Ba	Ce	S2	Ti	Ga	Ba	Ce
Ti	1				Ti	1			
Ga	0.763**	1			Ga	0.180	1		
Ba	0.643**	0.416*	1		Ba	0.221	0.296	1	
Ce	0.399*	0.500*	0.149	1	Ce	0.389	0.289	-0.002	1
S3	Ti	Ga	Ba	Ce	S4	Ti	Ga	Ba	Ce
Ti	1				Ti	1			
Ga	0.483	1			Ga	0.954*	1		
Ba	0.445	0.260	1		Ba	0.693	0.876	1	
Ce	0.216	0.230	0.313	1	Ce	0.127	0.008	-0.083	1
S5	Ti	Ga	Ba	Ce	S6	Ti	Ga	Ba	Ce
Ti	1				Ti	1			
Ga	0.446*	1			Ga	0.629**	1		
Ba	0.686**	0.474**	1		Ba	0.574*	0.415	1	
Ce	0.574**	0.454*	0.427*	1	Ce	0.657**	0.412	0.150	1

注：* 表示 $P<0.05$ 水平上相关性显著；** 表示 $P<0.01$ 水平上相关性显著。

5.2.4　泥沙来源变化

使用 Walling-Collins 模型定量潜在泥沙源区对流域出口沉积泥沙的贡献比例，探索水库近 40 年的泥沙来源变化记录。为了最小化泥沙分选对指纹浓度的富集影响，所有泥沙源区土壤和沉积泥沙均过筛，仅测试≤63 μm 粒径的元素浓度。由于复杂的土壤侵蚀过程，很难准确地了解指纹浓度与粒径之间的关系（Walling，2005；Walling et al.，1999）。通过沉积剖面黏粒含量与指纹浓度的线性回归分析发现，虽然两者之间呈正相关关系，但相关性不显著（$r^2<0.05$，$P>0.01$）。方差分析结果表明，黏粒含量对指纹浓度影响不显著（$P>0.05$）（表 5-12）。有研究发现 Walling-Collins 模型中指纹判别权重和变异权重会增加定量结果的不确定性（Martinez-Carreras et al.，2008；Zhang et al.，2016）。因此，为了避免过度优化（Collins et al.，1997；Martinez-Carreras et al.，2008），降低定量结果的不确定性，本研究中的 Walling-Collins 模型未考虑粒径校正系数、判别权重和变异权重。

表 5-12　沉积剖面黏粒含量与指纹浓度的线性回归分析

指纹	r^2	相关性		单因子方差分析		系数	
		Pearson 相关性	P 值	F	P 值	t	P 值
Ti	0. 012	0. 109	0. 134	1. 239	0. 268	1. 113	0. 268
Ga	0. 015	0. 123	0. 105	1. 587	0. 211	1. 260	0. 211
Ba	0. 026	0. 161	0. 051	2. 730	0. 101	1. 652	0. 101
Ce	0. 041	0. 202	0. 019	4. 378	0. 039	2. 092	0. 039

通过最优复合指纹、^{137}Cs 活度峰值、D_{50}峰值和植被层提供的独立时标，定量了 6 个沉积剖面 1976—2016 年的泥沙来源动态变化（图 5-8）。可以发现，小流域潜在泥沙源区对 6 个沉积剖面的泥沙贡献变化复杂且高度不规则。降水、土地利用和水土保持措施影响流域土壤侵蚀，是泥沙源区泥沙贡献比例变化的主要因素（Chen et al.,2016；Gourdin et al.,2014；Minella et al.,2014）。然而，近 50 年来研究区的土地利用未发生变化（Hu et al.,2007），意味着水库的泥沙来源主要受降水和水土保持措施的影响。

剖面 S1 的泥沙主要来源于耕地，占总沉积泥沙的 63. 3%（35. 2%~85. 8%），最大值出现在 39 cm 深处。侵蚀沟的平均泥沙贡献比例为 30. 5%（10. 7%~56. 6%），而非耕地的泥沙贡献比例仅为 6. 2%（1. 0%~17. 9%）（图 5-8a、表 5-13）。在 24~27 cm 深处发现侵蚀沟的泥沙贡献比例到达峰值，反映 1998 年发生的特大洪水事件。因为径流量的上升会增大侵蚀沟的泥沙贡献比例（Gourdin et al., 2014）。在 63 cm 和 69 cm 深处，侵蚀沟的泥沙贡献比例明显高于相邻的沉积层，可能是由 20 世纪 80 年代初的强降雨事件引起（图 5-9）。强降雨会发育新侵蚀沟或激活旧侵蚀沟，导致其泥沙贡献增加。根据降水量和降雨侵蚀力数据，可以判断 6~12 cm 深处侵蚀沟泥沙贡献比例的激增是由 2013 年的强降雨事件引起。这些强降雨事件均发生于 7 月或 8 月，坡耕地被作物覆盖，可能会减少耕地的土壤侵蚀，相对地增加侵蚀沟的泥沙贡献比例。1976—2016 年，耕地的泥沙贡献比例呈现逐年减小的趋势，而侵蚀沟呈现相反的趋势，非耕地的泥沙贡献比例略有增大（图 5-10a）。

剖面 S2 和 S3 位于水库中心位置。剖面 S2 的耕地泥沙贡献比例为 61. 3%（40. 8%~75. 2%），仅有 5. 0%（1. 7%~8. 8%）的泥沙来源于非耕地，而 33. 7%

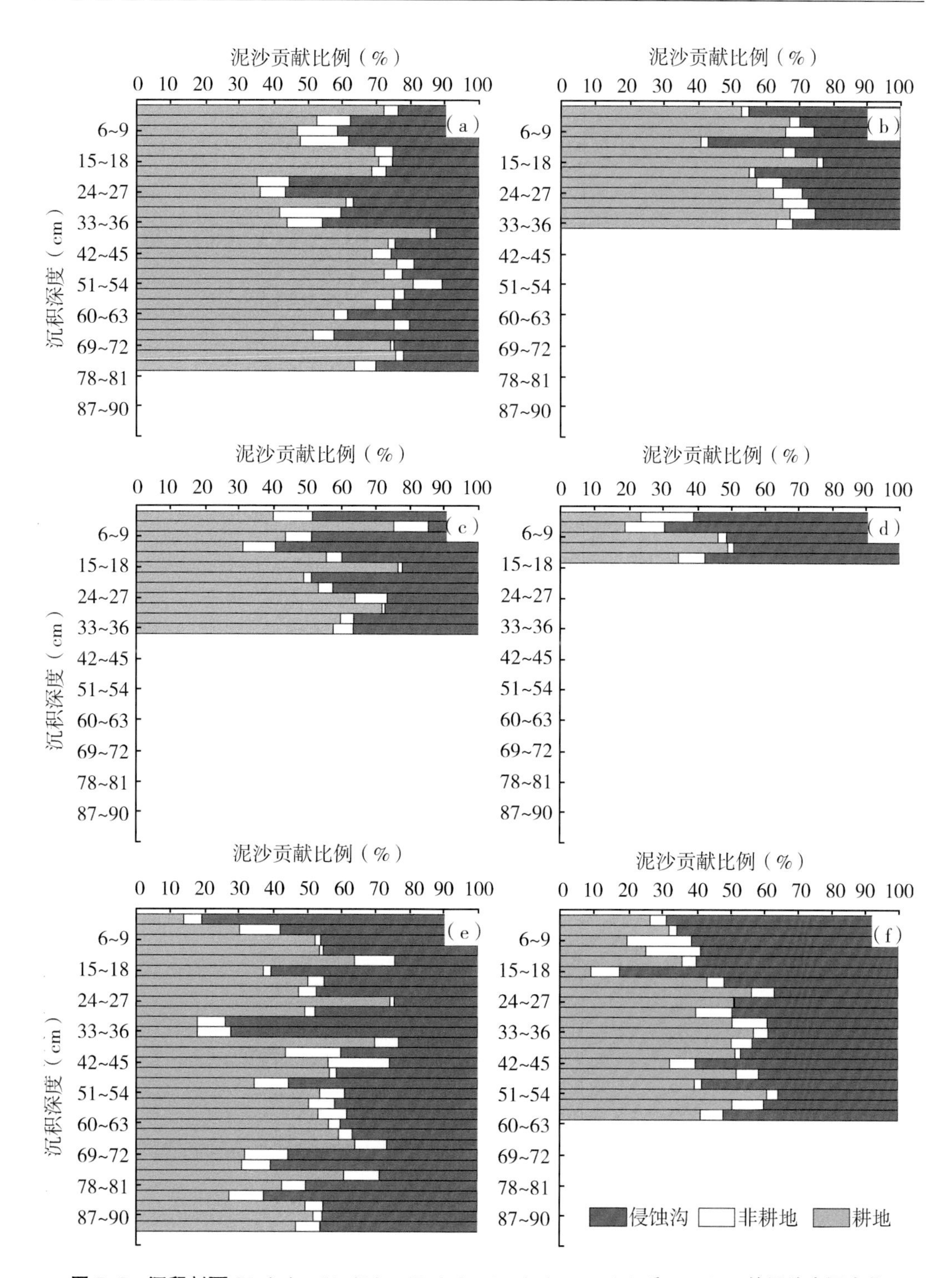

图 5-8　沉积剖面 S1（a）、S2（b）、S3（c）、S4（d）、S5（e）和 S6（f）的泥沙来源变化

（23.0%~57.0%）的泥沙来源于侵蚀沟（图 5-8b，表 5-13）。剖面 S3 的沉积泥沙

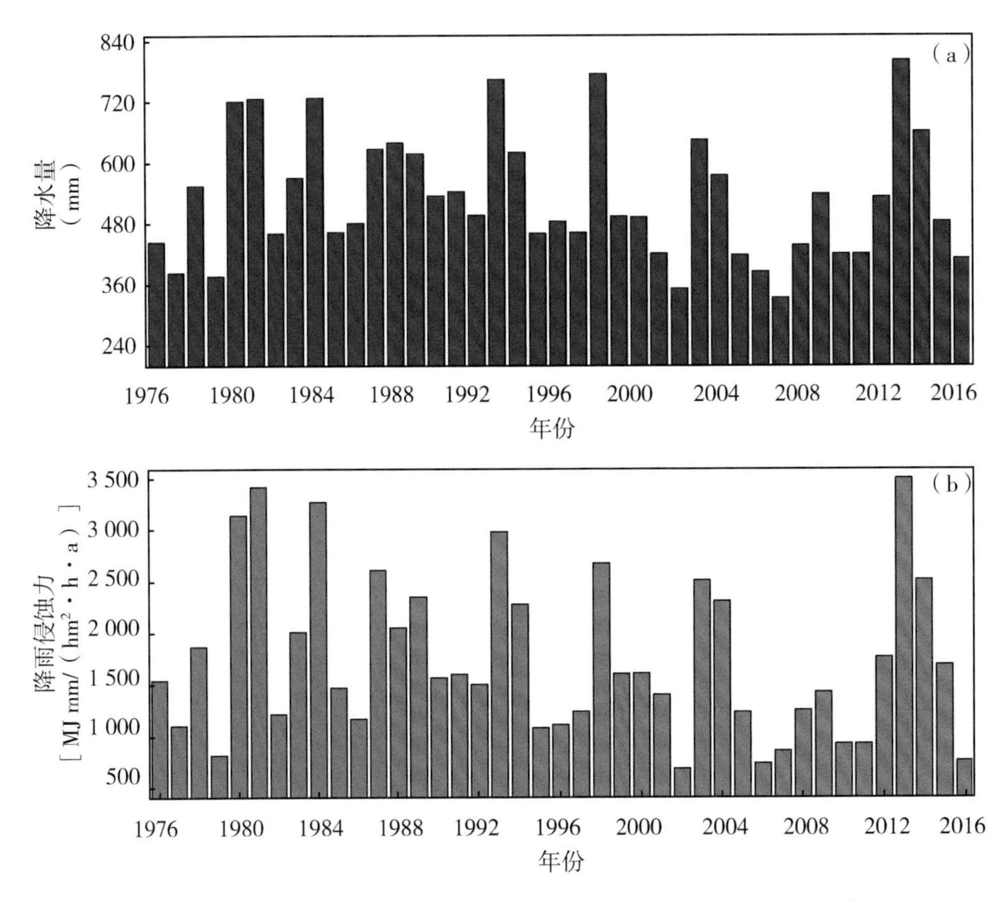

图 5-9　1976—2016 年研究区年降水量（a）与降雨侵蚀力（b）变化

56.4%（31.2%~76.4%）来源于耕地，37.7%（14.7%~59.4%）来源于侵蚀沟，而非耕地仅贡献 5.9%（0.9%~10.2%）（图 5-8c、表 5-13）。剖面 S2 和 S3 的泥沙来源变化非常相似，均在 18 cm 深处发现耕地泥沙贡献比例的峰值。同样，均在 12 cm 深处出现侵蚀沟泥沙贡献比例的最大值，反映着 1998 年特大洪水事件。由于 2013 年强降雨事件，两个剖面表层的泥沙主要来源于侵蚀沟。1976—2016 年，耕地对剖面 S2 的泥沙贡献比例变化相对平滑，侵蚀沟略有增大的趋势，而非耕地的泥沙贡献比例呈减小的趋势（图 5-10b）；非耕地和侵蚀沟对剖面 S3 的泥沙贡献比例呈现逐渐增大的趋势，而耕地呈相反趋势（图 5-10c）。

沉积剖面 S4 中 34.4%（18.8%~49.0%）的泥沙来源于耕地，7.8%（1.8%~11.4%）来源于非耕地，57.8%（49.1%~69.7%）来源于侵蚀沟（图 5-8d、表 5-13）。在 3 cm 和 6 cm 深处发现侵蚀沟的泥沙贡献比例较相邻的沉积层大，判断是由 2013 年和 1998 年强降雨事件引起。在 12 cm 深处发现耕地泥沙贡献比例的峰值。1976—2016 年，

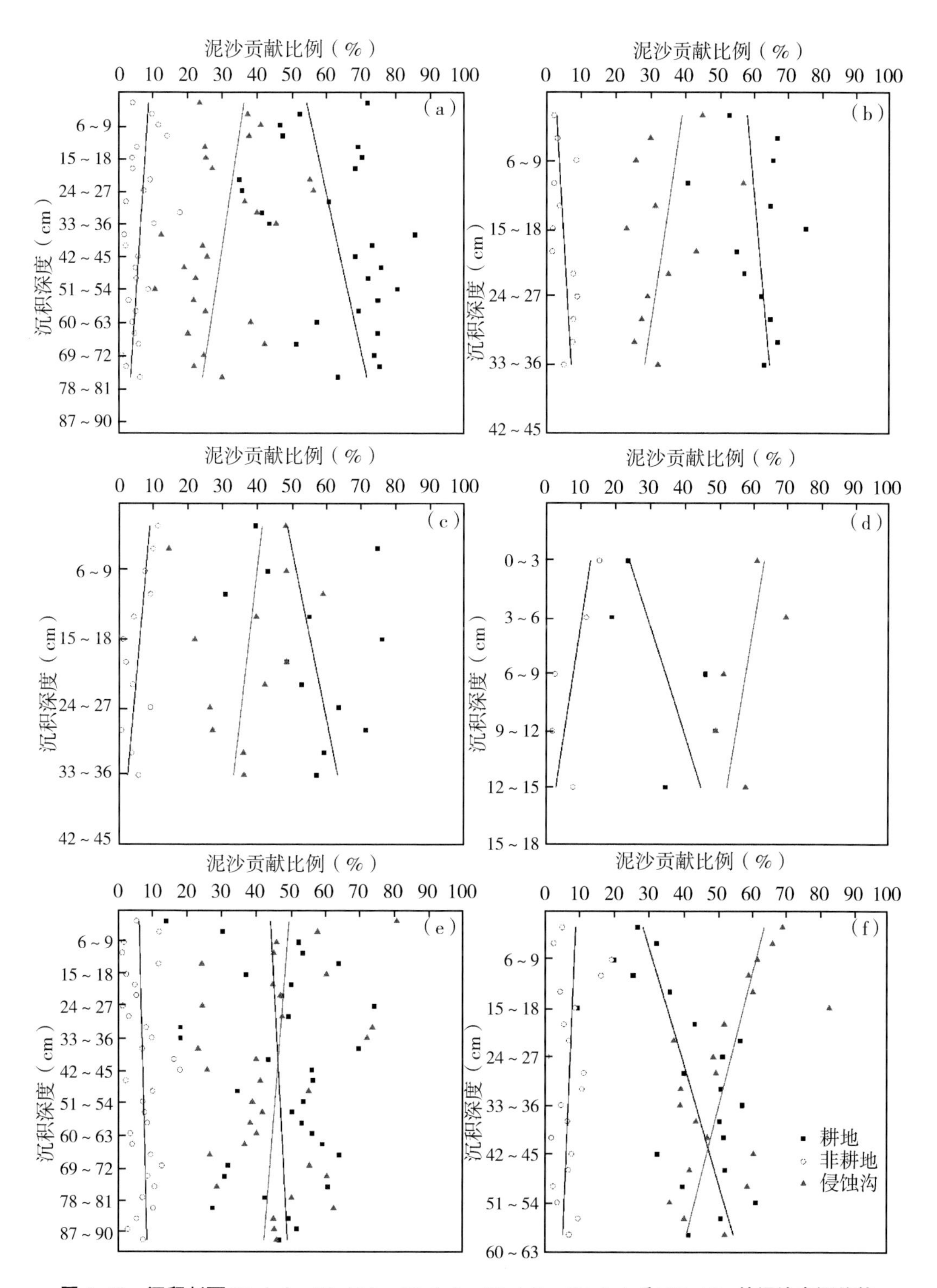

图5-10 沉积剖面S1（a）、S2（b）、S3（c）、S4（d）、S5（e）和S6（f）的泥沙来源趋势

耕地、非耕地和侵蚀沟对剖面 S4 的泥沙贡献变化趋势与 S3 相似（图 5-10d）。

剖面 S5 的沉积泥沙 46.8%（13.92%～74.33%）来源于耕地，46.0%（23.2%～73.8%）来源于侵蚀沟，7.2%（1.1%～18.0%）来源于非耕地（图 5-8e，表 5-13）。在剖面 27 cm 深处发现耕地泥沙贡献比例的峰值。而在剖面表层发现侵蚀沟泥沙来源最大值，判断是由 2013 年强降雨事件引起。同样在 33～36 cm 深处侵蚀沟的泥沙贡献比例显著高于其他沉积层，反映了 1998 年强降雨事件。在 72～75 cm 和 81～84 cm 深处，侵蚀沟的泥沙贡献比例明显大于相邻沉积层，是由 20 世纪 80 年代初强降雨事件引起。1976—2016 年，耕地、非耕地和侵蚀沟的泥沙贡献比例变化相对平稳（图 5-10e）。

剖面 S6 中 41.2%（9.2%～60.9%）的泥沙来源于耕地，6.8%（0.3%～18.9%）来源于非耕地，52.0%（35.8%～82.3%）来源于侵蚀沟（图 5-8f，表 5-13）。1976—2016 年，耕地的泥沙贡献比例明显减小，与剖面 S4 一样，侵蚀沟的泥沙贡献比例呈现增大的趋势（图 5-10f）。在剖面 54 cm 深处发现耕地泥沙贡献最大值，而在 18 cm 深处发现侵蚀沟泥沙来源最大值，反映了 1998 年特大洪水事件。同样，在 45 cm 和 51 cm 深处以及剖面表层的泥沙来源以侵蚀沟为主，判断是由 20 世纪 80 年代初和 2013 年强降雨事件引起。

表 5-13　沉积剖面泥沙来源特征

沉积剖面	泥沙源区	沉积层数量	泥沙贡献比例（%）			标准差（%）	变异系数（%）
			均值	最小值	最大值		
S1	耕地	25	63.3	35.2	85.8	14.4	22.7
	非耕地		6.2	1.0	17.9	4.1	65.4
	侵蚀沟		30.5	10.7	56.6	11.8	38.7
S2	耕地	12	61.4	40.9	75.2	8.5	13.8
	非耕地		5.0	1.7	8.8	2.7	55.2
	侵蚀沟		33.7	23.0	57.0	9.6	28.4
S3	耕地	12	56.4	31.2	76.4	13.5	24.0
	非耕地		5.9	0.9	10.2	3.5	58.8
	侵蚀沟		37.7	14.7	59.4	12.5	33.1
S4	耕地	5	34.4	18.8	49.0	11.9	34.7
	非耕地		7.8	1.8	11.5	5.2	66.6
	侵蚀沟		57.8	49.1	69.7	7.3	12.7

（续表）

沉积剖面	泥沙源区	沉积层数量	泥沙贡献比例（%）			标准差（%）	变异系数（%）
			均值	最小值	最大值		
S5	耕地	31	46.8	13.9	74.3	14.9	31.9
	非耕地		7.2	1.1	18.0	4.2	58.0
	侵蚀沟		46.0	23.2	73.8	14.5	31.6
S6	耕地	20	41.3	9.2	60.9	13.5	32.6
	非耕地		6.8	0.3	18.9	4.5	67.2
	侵蚀沟		52.0	35.8	82.3	12.1	23.2

根据 6 个沉积剖面的泥沙来源情况，可以判断水库的沉积泥沙主要来源于耕地，约占流域总产沙量的 50.6%，而来源于侵蚀沟和非耕地的泥沙分别占 42.9%和 6.5%，*MAF* 均值为 0.95（表 5-14），说明定量结果可靠。小流域耕地、非耕地和侵蚀沟的泥沙贡献比例与 Fang（2015）在东北黑土区齐心小流域的计算结果（耕地 50.9%、非耕地 5.2%、侵蚀沟 43.9%）接近。与前人研究结果相对比，发现东北黑土区耕地和侵蚀沟的泥沙贡献比例大于我国西南地区。而以沟蚀闻名的黄土高原，侵蚀沟是主要的泥沙源区，其次为耕地和其他土地利用类型（Chen et al., 2016）。

表 5-14　泥沙来源计算结果拟合度（*MAF*）、标准误差（*SE*）、95%置信上限（UL）与下线（LL）

沉积剖面	*MAF*	耕地（%）				非耕地（%）				侵蚀沟（%）			
		均值	*SE*	95%LL	95%UL	均值	*SE*	95%LL	95%UL	均值	*SE*	95%LL	95%UL
S1	0.94	63.3	1.7	60.4	67.0	6.2	0.6	5.0	7.4	30.5	1.7	26.9	33.4
S2	0.97	61.3	1.7	58.1	64.6	5.0	0.6	3.8	6.1	33.7	1.7	30.4	36.9
S3	0.96	56.4	1.7	53.1	59.6	5.9	0.6	4.9	7.0	37.7	1.7	34.4	41.0
S4	0.94	34.4	1.6	31.2	37.5	7.8	0.7	6.5	9.0	57.8	1.6	54.7	61.0
S5	0.94	46.8	1.7	43.4	50.1	7.2	0.6	5.9	8.5	46.0	1.7	42.7	49.4
S6	0.94	41.2	1.7	38.0	44.5	6.8	0.6	5.6	8.0	52.0	1.7	48.7	55.2
均值	0.95	50.6	1.7	47.4	53.9	6.5	0.6	5.3	7.7	42.9	1.7	39.6	46.2

总的来讲，近 40 年来非耕地的泥沙贡献比例变化稳定，标准差最小（表 5-

13）。相比而言，耕地和侵蚀沟的泥沙贡献比例变化浮动较大。由于非耕地的泥沙贡献比例小且相对稳定，耕地和侵蚀沟的泥沙贡献比例变化呈相反的趋势。1976—2016年，耕地的泥沙贡献比例逐渐减小，而来源于侵蚀沟的泥沙贡献比例逐渐增大。根据^{137}Cs峰值、植被层和D_{50}峰值提供的时标，将研究时间分为两个阶段：即1976—1998年和1999—2016年。除剖面S2和S5以外，第一阶段的耕地泥沙贡献比例大于第二阶段。除了剖面S2，第二阶段的侵蚀沟泥沙贡献比例大于第一阶段（表5-15）。

表5-15　沉积剖面两个时期的泥沙来源比较　　单位:%

泥沙沉积剖面	时期	耕地		非耕地		侵蚀沟	
		均值	范围	均值	范围	均值	范围
S1	1976—1998年	64.9	33.8~85.8	5.6	1.0~17.9	29.6	10.7~56.6
	1999—2016年	59.9	46.9~72.2	8.2	4.0~14.2	31.9	23.7~41.3
S2	1976—1998年	61.0	40.8~75.2	5.1	1.7~8.8	33.9	23.0~57.0
	1999—2016年	68.6	65.8~72.8	4.6	2.1~8.5	26.9	25.1~29.9
S3	1976—1998年	59.2	44.1~76.4	4.5	0.9~9.4	36.3	22.2~48.9
	1999—2016年	52.8	39.9~75.1	9.8	7.7~11.6	37.3	14.7~48.8
S4	1976—1998年	38.0	18.8~49.0	5.2	1.8~11.4	56.7	49.1~69.7
	1999—2016年	23.5	23.5~23.5	15.3	15.3~15.3	61.1	61.1~61.1
S5	1976—1998年	45.8	18.1~69.9	8.5	2.1~18.0	45.7	23.2~73.7
	1999—2016年	48.1	13.9~74.3	5.3	1.1~11.9	46.6	24.3~80.7
S6	1976—1998年	46.0	9.2~60.9	5.9	0.3~10.9	48.0	35.8~82.3
	1999—2016年	27.8	19.6~35.8	9.2	2.2~18.9	63.0	58.8~68.8

研究区在1962—1987年集中种植了一批农田防护林带，并采取了保护性耕作措施。这些水土保持措施有效地减小了耕地的土壤侵蚀量，其保土效益在后续几年逐渐显现出来。相比于耕地，研究区的侵蚀沟没有得到合理的控制。Wu et al.（2008）监测2002—2005年小流域的切沟发育，发现侵蚀沟的长度、面积和体积逐年增大。尤其在春季解冻期，沟底没有植被覆盖保护，冻融侵蚀和重力侵蚀加剧了沟岸和沟壁崩塌，使春季解冻期间切沟的侵蚀模数大于雨季。侵蚀沟的泥沙贡献比例逐年增大，但其所占面积远较耕地少，所以从侵蚀面积比的角度来看，侵蚀沟已成为东北黑土区最为严重的泥沙源区。

5.2.5　泥沙来源水库空间分布

水库入口至大坝，耕地的泥沙贡献比例呈逐渐增大的趋势，而侵蚀沟呈逐渐减小的趋势，非耕地的泥沙贡献比例变化则相对平稳。尤其沿大坝垂直中分线采集的 S1、S2、S3 和 S4 的趋势更加明显（图 5-11）。比较 3 个泥沙源区的 D_{50}，发现侵蚀沟的泥沙 D_{50} 明显大于耕地和非耕地（图 5-12a）。流域的侵蚀泥沙随径流进入水库后，径流的动能骤然减小，泥沙颗粒经历分选过程，大颗粒泥沙先沉积在水库入口周围，细颗粒被搬运更远，沉积在大坝附近或水库内部（图 5-12b），导致不同位置剖面的泥沙来源情况有所不同。水库外围（S4、S5、S6）与内部（S1、S2、S3）沉积泥沙的耕地和侵蚀沟泥沙贡献比例有显著差异（$P<0.01$，表 5-16）。剖

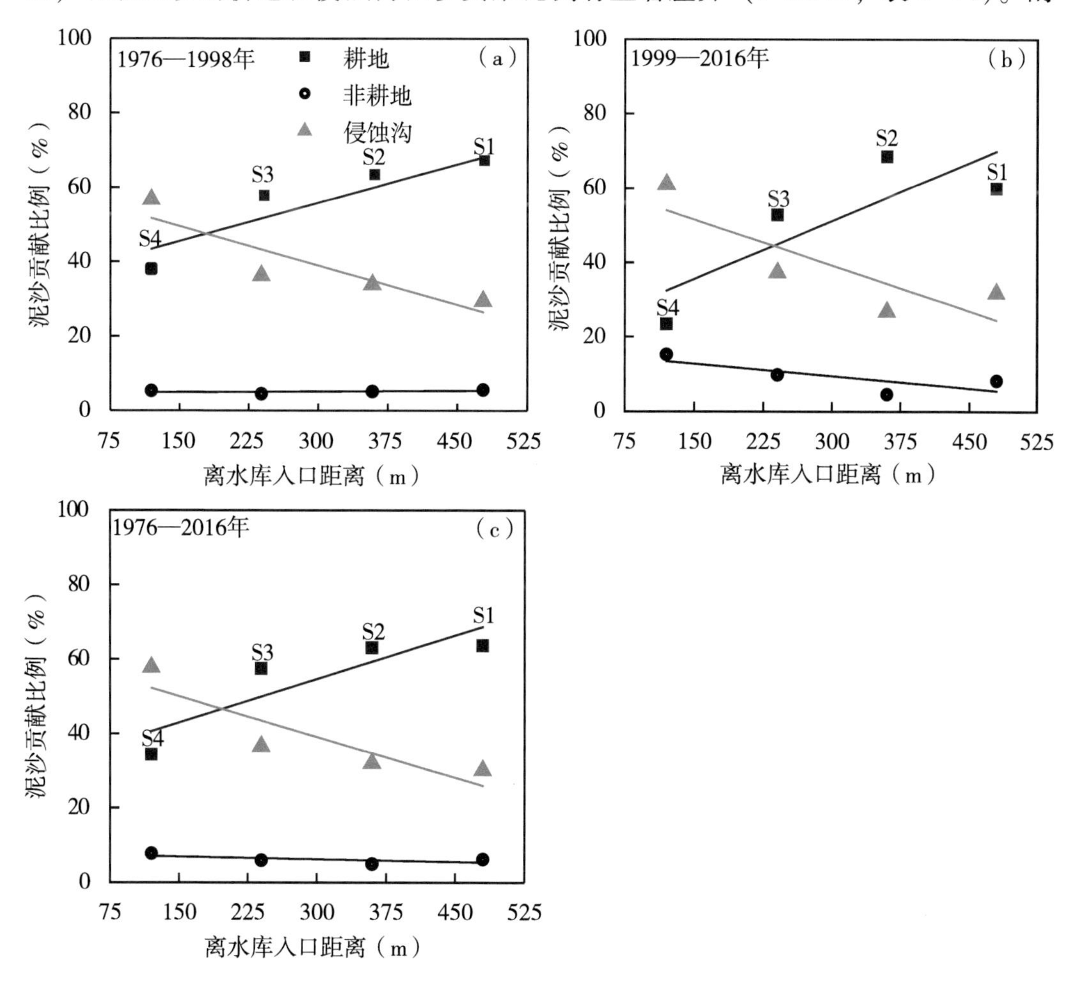

图 5-11　沉积剖面 S1、S2、S3 和 S4 的泥沙来源与采样点距水库入口距离之间关系

面 S1、S2 和 S3 的沉积泥沙主要来源于耕地，剖面 S4、S5、S6 来源于侵蚀沟的泥沙贡献比例显著大于剖面 S1、S2 和 S3。这表明，如果仅采集 1~3 个水库或湖泊的沉积剖面来反演整个流域历年泥沙来源动态变化，会因采样点的代表性不足存在着一定的偏差，因此是不可取的（Dong et al.,2013；Fang，2015；Zhang et al.,2015）。

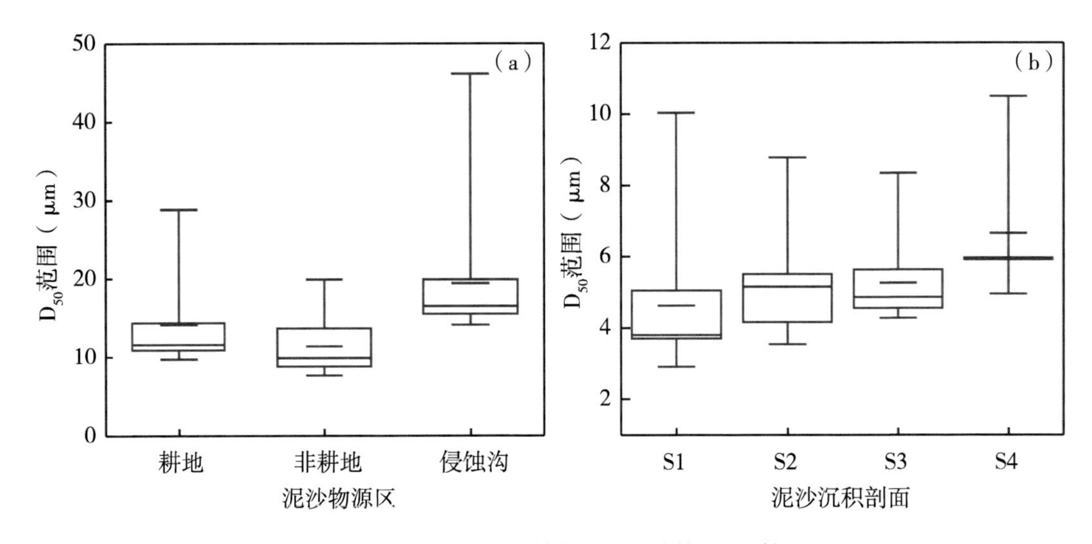

图 5-12　泥沙源区土壤与沉积泥沙的 D_{50} 比较

位于水库两侧的沉积剖面 S5 和 S6 与水库入口的距离基本一致。但泥沙来源有所差异，更多来源于耕地的泥沙沉积在水库的东侧（S5）。这是由于旱季需要排水灌溉，而水库的溢洪道位于大坝的东侧，排水时沉积于水库西侧的泥沙中来源于耕地的细颗粒会随着水流发生重新迁移，搬运至水库东侧。除泥沙的分选作用和灌溉时期沉积泥沙的重新迁移，土壤侵蚀类型的季节性变化可能是引起水库泥沙来源空间差异的重要原因。如 Wu et al.（2008）的研究结果，春季解冻期切沟的侵蚀模数大于雨季，且融雪侵蚀没有雨滴击溅过程，限制了表土壤侵蚀。这些背景条件使春季解冻期侵蚀沟的泥沙贡献比例大于雨季。在春季解冻期切沟侵蚀大于雨季，且融雪侵蚀没有雨滴击溅地表的过程，导致表土流失比例较降雨侵蚀小。这些背景可能导致冬季解冻期，侵蚀沟的泥沙贡献大于耕地。另外，融雪径流的动能远小于降雨，进入水库的泥沙很难搬运至水库内部，大部分沉积在水库周围。这可能是导致剖面 S5 和 S6 的侵蚀沟泥沙贡献大于 S1 和 S2 的原因。而来源于非耕地的泥沙在水库空间分布均不显著（P>0. 01，表 5-16）。

表 5-16　耕地、非耕地和侵蚀沟对水库不同位置的泥沙贡献比例的显著性差异分析

泥沙沉积剖面	项目	S1			S2			S3			S4			S5			S6		
		耕地	非耕地	侵蚀沟	耕地	非耕地	侵蚀沟	耕地	非耕地	侵蚀沟	耕地	非耕地	侵蚀沟	耕地	非耕地	侵蚀沟	耕地	非耕地	侵蚀沟
S1	耕地	1																	
	非耕地		1																
	侵蚀沟			1															
S2	耕地	0. 684			1														
	非耕地		0. 355			1													
	侵蚀沟			0. 443			1												
S3	耕地	0. 183			0. 308			1											
	非耕地		0. 853			0. 471			1										
	侵蚀沟			0. 109			0. 403			1									
S4	耕地	0. 000			0. 000			0. 010			1								
	非耕地		0. 477			0. 192			0. 441			1							
	侵蚀沟			0. 000			0. 000			0. 006			1						
S5	耕地	0. 000			0. 003			0. 064			0. 095			1					
	非耕地		0. 378			0. 100			0. 369			0. 797			1				
	侵蚀沟			0. 000			0. 010			0. 094			0. 093			1			
S6	耕地	0. 000			0. 000			0. 006			0. 328			0. 196			1		
	非耕地		0. 667			0. 235			0. 602			0. 688			0. 733			1	
	侵蚀沟			0. 000			0. 000			0. 004			0. 329			0. 144			1

5.2.6 泥沙沉积速率

水库不同位置的泥沙沉积深度差异显著（表 5-17）。1976—2016 年，剖面 S1 的泥沙沉积深度约为 75 cm，年均沉积深度为 1.8 cm/a，年均质量深度为 15.8 kg/（m^2 · a）（泥沙沉积剖面的平均容重为 0.88 g/cm^3）；剖面 S2 和 S3 的沉积深度约为 36 cm，年均泥沙沉积深度和年均质量深度分别为 0.8 cm/a 和 7.0 kg/（m^2 · a）；S4 的沉积深度最浅，仅为 15 cm，年均泥沙沉积深度和年均质量深度分别为 0.3 cm/a 和 2.6 kg/m^2；S5 的沉积深度最深，约为 93 cm，年均泥沙沉积深度和年均质量深度分别为 2.2 cm/a 和 19.4 kg/（m^2 · a）；剖面 S6 的泥沙沉积深度为 60 cm，年均泥沙沉积深度和年均质量深度分别为 1.4 cm/a 和 12.3 kg/（m^2 · a）。1976—2016 年，水库的年均泥沙沉积深度和年均质量深度分别为 1.2 cm/a 和 10.7 kg/（m^2 · a）。根据 1976—2016 年的年均泥沙沉积速率和水库面积（约 0.26 km^2），估算得知水库年均泥沙沉积量为 2 782 t/a，相当于流域年均产沙量为 99 t/（km^2 · a），与其他区域相比，产沙量似乎较低。这是由于研究区坡长且缓的地貌特征，表层土壤的大部分侵蚀泥沙沉积在流域内部，仅有少部分能够到达流域出口，小流域的泥沙输移比仅约为 6%（Dong et al.,2013）。根据泥沙输移比计算得知研究区土壤侵蚀模数为 1 650 t/（km^2 · a），与 Fang et al.（2012）利用^{137}Cs 示踪技术计算的结果［1 450 /（km^2 · a）］相似。

根据 D_{50}峰值提供的独立时标，将 1976—2016 年分为前期（1976—1998 年）和

表 5-17　沉积剖面两个时期的泥沙沉积速度比较

泥沙沉积剖面	年均泥沙沉积深度（cm/a）			年均沉积泥沙质量深度［kg/（m^2 · a）］		
	1976—2016 年	1976—1998 年	1999—2016 年	1976—2016 年	1976—1998 年	1999—2016 年
S1	1.8	2.4	1.2	15.8	21.1	10.6
S2	0.8	1.2	0.5	7.0	10.6	4.4
S3	0.8	1.2	0.5	7.0	10.6	4.4
S4	0.3	0.5	0.2	2.6	4.4	1.8
S5	2.2	2.5	2.0	19.4	22.0	17.6
S6	1.4	2.0	0.8	12.3	17.6	7.0
总均值	1.2	1.6	0.9	10.7	14.4	7.6

后期（1999—2016 年）两个时期进行比较分析。剖面 S1 的年均泥沙沉积深度从前期的 2.4 cm/a 减小至后期的 1.2 cm/a，相应年均质量深度从 21.1 kg/(m^2·a)减小至 10.6 kg/（m^2·a）；剖面 S2 和 S3 的年均泥沙沉积深度从前期的 1.2 cm/a减小至后期的 0.5 cm/a，相应年均质量深度从 10.6 kg/（m^2·a）减小至 4.4 kg/(m^2·a)；剖面 S4 的年均泥沙沉积深度从前期的 0.5 cm/a 减小至后期的 0.2 cm/a，相应年均质量深度从 4.4 kg/（m^2·a）减小至 1.8 kg/（m^2·a）；剖面 S5 的年均泥沙沉积深度从前期的 2.5 cm/a 减小至后期的 2.0 cm/a，相应年均质量深度从 22.0 kg/（m^2·a）减小至 17.6 kg/m^2；剖面 S6 的年均泥沙沉积深度从前期的 2.0 cm/a 减小至后期的 0.8 cm/a，相应年均质量深度从 17.6 kg/（m^2·a）减小至 7.0 kg/(m^2·a)。水库前期的泥沙沉积速度明显大于后期，沉积速度整体降低了约 43.7%，说明流域土壤流失量显著降低。

基于流域潜在源区的泥沙贡献比例定量结果和泥沙沉积速率，估算了耕地、非耕地和侵蚀沟的年均泥沙沉积速率。从 1976—1998 年到 1999—2016 年，耕地和侵蚀沟的年均泥沙沉积速率明显下降。总体而言，耕地的年均泥沙沉积速率下降 50.6%，侵蚀沟下降 43.9%（图 5-13），表明耕地的泥沙贡献比例减小幅度较侵蚀沟大，间接说明针对耕地已实施的水土保持措施发挥了显著的作用。

5.3　本章小结

在小流域出口处水库采集 6 个泥沙沉积剖面，利用 Walling-Collins 模型定量了流域耕地、非耕地和侵蚀沟的泥沙贡献信息。根据植被层、^{137}Cs 峰值和 D_{50}峰值提供的独立时标，将泥沙沉积时间分为 1976—1998 年（前期）和 1999—2016 年（后期）两个阶段，并比较了两个阶段各源区的泥沙贡献比例和泥沙沉积速率。

1976—2016 年，水库的沉积泥沙主要来源于耕地和侵蚀沟，贡献比分别为 50.6%和 42.9%。总体而言，耕地的泥沙贡献比例呈减小的趋势，而侵蚀沟呈增大的趋势。非耕地仅贡献 6.5%的泥沙，基本保持稳定。比较两个阶段的泥沙贡献比例，发现后期耕地泥沙贡献比例较前期减少了 5.7%，而侵蚀沟后期的泥沙贡献比例大于前期。这与 1976—2016 年耕地和侵蚀沟的泥沙贡献比例变化的趋势基本一致。

泥沙源区对水库不同位置的泥沙贡献差异较大。较多来源于侵蚀沟的泥沙沉积

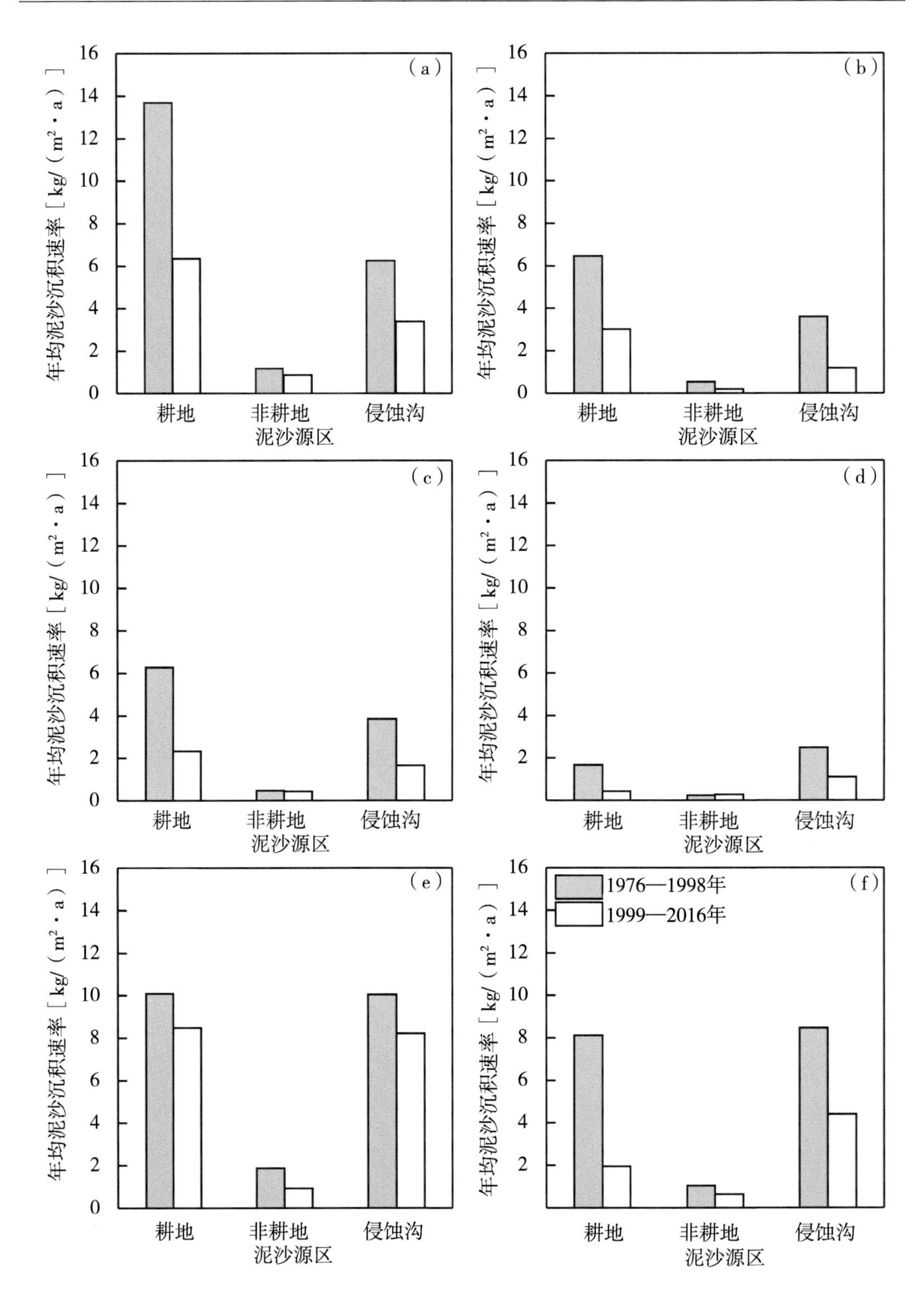

图 5-13　水库沉积剖面 S1（a）、S2（b）、S3（c）、S4（d）、S5（e）和 S6（f）的两个时期各源区泥沙沉积速率比较

于水库入口及其周围，而来源于耕地的泥沙搬运至较远，沉积在大坝附近以及水库内部，导致耕地与侵蚀沟对水库周围和内部的泥沙贡献比例差异显著（$P<0.01$）。

1976—2016 年，水库的年均泥沙沉积深度和年均质量深度分别为 1.2 cm/a 和 10.7 kg/（m^2 · a）。1976—1998 年的流域产沙量明显大于 1999—2016 年，后期泥沙沉积速率约降低 43.7%，流域土壤流失量显著降低。

第6章　微小集水区尺度泥沙来源研究

沉积旋回是追踪流域土壤侵蚀过程的理想载体。在黄土高原通常使用淤地坝的沉积旋回建立降雨事件与泥沙沉积之间的对应关系，反演流域的土壤侵蚀动态过程（Feng et al.,2003；Wang et al.,2014；Wei et al.,2017）。然而，受土壤侵蚀强度和沉积泥沙机械组成的影响，有些地区的沉积旋回现象不明显，很难通过肉眼识别，无法用于反演流域土壤侵蚀过程，需另寻可代替的方法。

^{210}Pb 的沉降通量无年际变化，在水库泥沙中的活度只受泥沙沉积速率和时间的影响，可应用于估算水库的泥沙沉积速率及沉积年代（Mabit et al.,2014）。本章研究内容：一是通过 ^{210}Pb 测年法确定微小集水区出口处水库沉积泥沙的年龄以及沉积速率；二是在此基础上，利用指纹示踪法获取沉积泥沙的来源信息，定量耕地、非耕地和侵蚀沟对微小集水区产沙量的贡献。

6.1　沉积泥沙采集

在微小集水区（2号小流域3.5 km^2）出口处（图6-1）废弃的水库中心人工

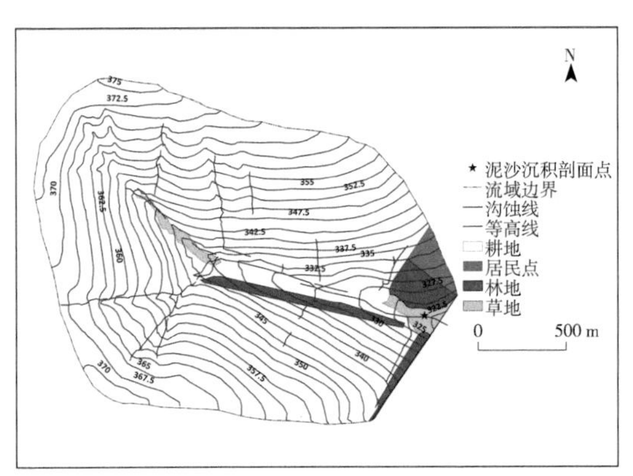

图6-1　微小集水区土地利用现状与沉积剖面采样点位置

挖泥沙沉积剖面，直至植被层（标志着水库建设的1974年）。剖面深度约为210 cm，以5 cm的预设增量对沉积剖面进行分层采样，共采集42个泥沙层样。

6.2　结果与讨论

6.2.1　复合指纹筛选

29种地球化学元素中，Cr、Mn、Ni、Cu、Zn、Rb、Sr、Y、Zr、Nb、La、Ce、Nd、SiO_2、Al_2O_3、Fe_2O_3、MgO、CaO、Na_2O、K_2O这20种元素未能通过双边范围检验，其余P、Ti、V、Co、Ga、As、Br、Ba、Pb这9个元素通过检验（表6-1）。

表6-1　双边范围检验

指纹	泥沙源区土壤		沉积泥沙	
	最小值	最大值	最小值	最大值
P†	663.49	1 149.29	740.18	1 137.11
Ti†	3 968.20	4 748.52	3 970.27	4 742.18
V†	62.74	126.71	76.46	112.06
Cr	40.89	90.50	36.35	83.68
Mn	768.80	1 050.95	347.75	654.76
Co†	18.18	20.85	18.62	20.49
Ni	16.35	41.44	16.07	38.07
Cu	13.06	19.15	7.26	28.55
Zn	47.87	59.30	37.27	77.46
Ga†	9.40	25.04	18.96	23.02
As†	7.32	16.21	11.39	14.59
Br†	1.82	6.05	2.62	4.79
Rb	88.81	105.67	69.10	125.56
Sr	129.27	141.09	92.72	152.71
Y	18.45	23.92	15.13	27.71
Zr	184.56	231.35	116.49	237.76
Nb	11.44	14.60	8.99	16.22

（续表）

指纹	泥沙源区土壤		沉积泥沙	
	最小值	最大值	最小值	最大值
Ba†	644.53	955.53	659.98	716.96
La	36.78	41.81	29.50	58.85
Ce	87.71	95.10	77.15	103.64
Nd	31.73	34.13	28.55	48.00
Pb†	10.88	25.25	14.46	21.80
SiO_2	51.16	61.92	55.98	64.50
Al_2O_3	13.13	15.77	14.37	17.43
Fe_2O_3	4.54	5.42	4.34	6.66
MgO	1.15	1.37	1.18	1.57
CaO	0.93	1.17	0.88	1.14
Na_2O	1.17	1.47	0.95	1.70
K_2O	2.20	2.45	2.22	2.59

注：† 表示通过双边范围检验。

对通过双边范围检验的 9 种元素进行非参数检验，发现只有元素 Co 在 3 个泥沙源区之间显示差异不显著（$P>0.05$），未能通过检验。P、Ti、V、Ga、As、Br、Ba、Pb 这 8 种因子通过 Kruskal-Wallis H-非参数检验，在统计意义上具有显著差异（$P<0.05$），进入下一步筛选过程（表 6-2）。

表 6-2　Kruskal-Wallis H-检验

指纹	*H* 值	*P* 值	指纹	*H* 值	*P* 值
P	37.667	0.000	As	19.095	0.000
Ti	31.794	0.000	Br	42.504	0.000
V	43.305	0.000	Ba	20.078	0.000
Co	5.745	0.057*	Pb	15.042	0.001
Ga	42.091	0.000			

注：* 表示 $P<0.05$ 水平上统计学上差异不显著。

通过逐步判别分析发现，Ti、Ga、As、Br、Ba 这 5 种元素组合的表现最佳，能够以 100%准确度判别微小集水区的耕地、非耕地和侵蚀沟，筛选为最优复合指纹（图 6-2）。研究区为小流域内的微小集水区，与小流域的最优复合指纹（Ti、Ga、

Ba、Ce）相比，有 3 个指纹相同，即 Ti、Ga 和 Ba。由于微小集水区的空间尺度小，指纹对泥沙源区的判别准确度较小流域有所提高。单个步骤对泥沙源区的累积判别率分别为 63. 50%、90. 10%、92. 60%、98. 40%和 100%。Ti、Ga、As、Br、Ba 的单步骤泥沙源区判别率为 98. 10%、93. 40%、89. 10%、84. 20%和 63. 50%（表 6-3）。

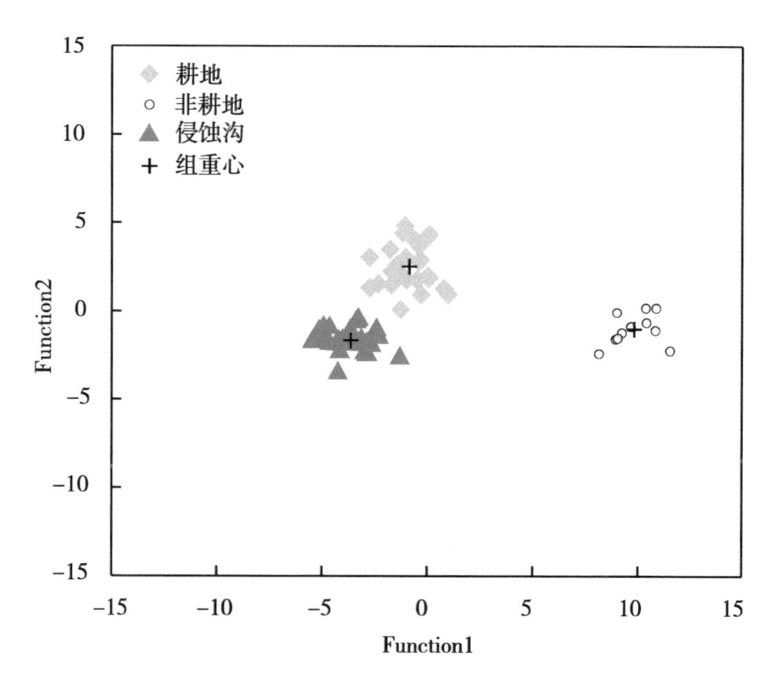

图 6-2　基于判别式的泥沙源区样本散点图

表 6-3　逐步多元判别分析

步骤	指纹	Wilks' Lambda	泥沙源区累计判别率（%）	各因子泥沙源区判别率（%）	*P* 值
1	Ti	0. 050	63. 50	98. 10	0. 000
2	Ga	0. 015	90. 10	93. 40	0. 000
3	As	0. 012	92. 60	89. 10	0. 000
4	Br	0. 009	98. 40	84. 20	0. 000
5	Ba	0. 008	100. 00	63. 50	0. 000

6. 2. 2　沉积剖面特征

图 6-3 为泥沙沉积剖面^{137}Cs、$^{210}Pb_{ex}$、D_{50}以及机械组成的垂直分布。^{137}Cs 活度的

变化不规律，取值范围为 0.5～3.4 Bq/kg，与沉积深度无显著相关性。135～140 cm、175～180 cm 和 200～205 cm 深处，^{137}Cs 的活度较高，均大于 3.0 Bq/kg。而在 45～50 cm 和 190～195 cm 深处，^{137}Cs 活度较低，均小于 1.0 Bq/kg（图 6-3a）。由于水库建于 1974 年，剖面中未能探测到 1954 年的^{137}Cs 活度初始沉降层和 1963 年的峰值，均不能为^{210}Pb 测年法提供独立时标。东北黑土区与切尔诺贝利距离遥远，同样未能探测到 1986 年的^{137}Cs 活度峰值。自 20 世纪 70 年代初期，大气^{137}Cs 沉降量明显减少，使表层侵蚀土壤的^{137}Cs 活度减小，导致沉积剖面中^{137}Cs 活度随时间呈逐渐减小的趋势。从泥沙来源角度分析，水库沉积泥沙的^{137}Cs 活度降低，说

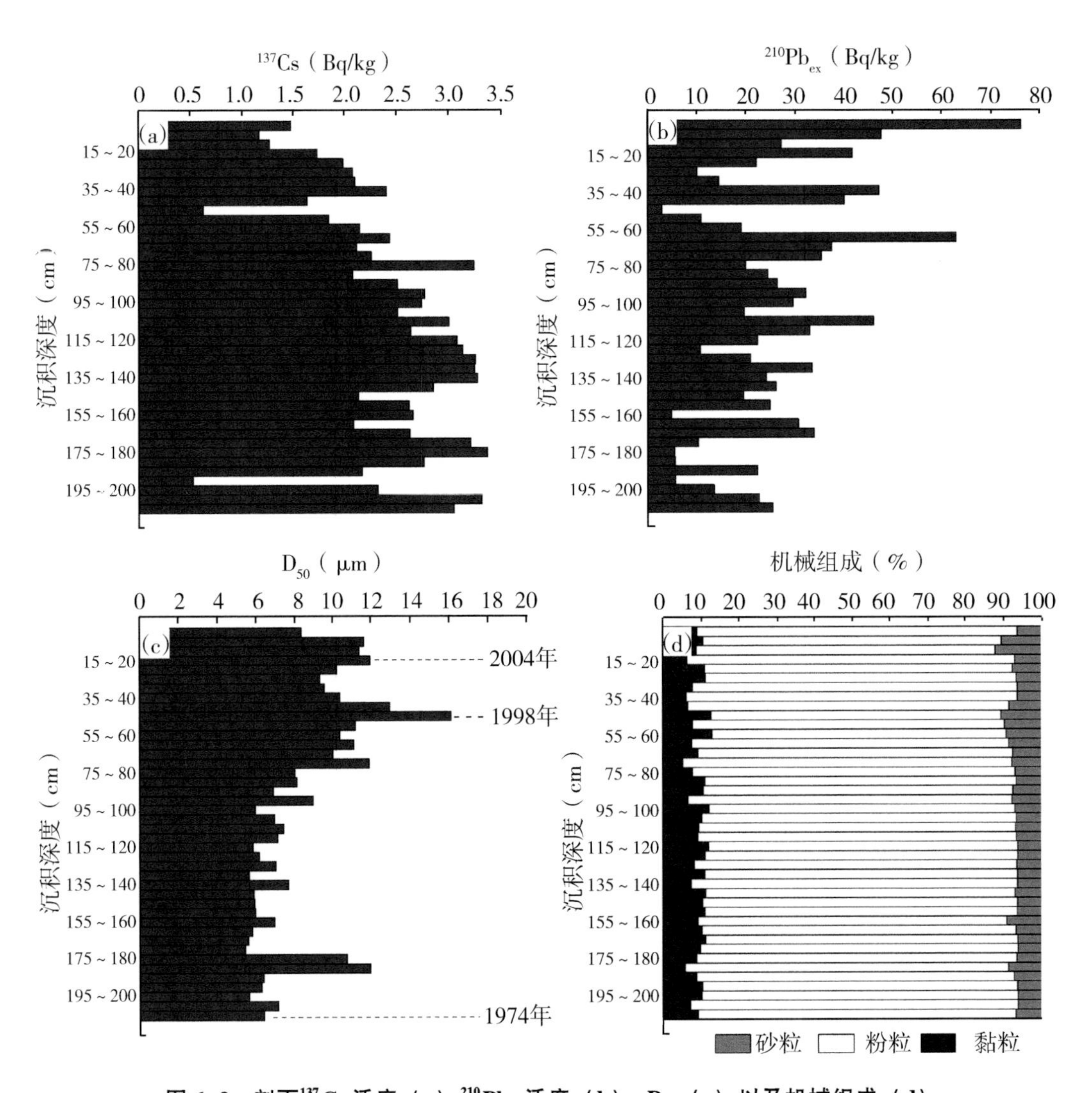

图 6-3 剖面^{137}Cs 活度（a）、^{210}Pb$_{ex}$活度（b）、D$_{50}$（c）以及机械组成（d）

明底土的贡献比例增大。

$^{210}Pb_{ex}$活度的垂直分布较^{137}Cs复杂，波动较大，但整体随沉积深度呈逐渐减小的趋势，反映了放射性衰变和沉积泥沙年龄的增长。沉积剖面$^{210}Pb_{ex}$活度的取值范围为3.0~76.4 Bq/kg，峰值在表层，最小值在50 cm深处（图6-3b）。$^{210}Pb_{ex}$活度的变化趋势和波动，间接地反映了水库沉积泥沙的机械组成和泥沙来源变化。如果沉积泥沙的粗颗粒变多或侵蚀沟的泥沙贡献比例增大，会导致泥沙的$^{210}Pb_{ex}$活度降低。

沉积剖面D_{50}的垂直分布特征，可提供过去洪水事件信息，为^{210}Pb测年法提供独立时标。整体而言，剖面的D_{50}分布随沉积深度呈减小的趋势，说明水库的沉积泥沙中粗颗粒含量逐年增大（图6-3c）。在50 cm深处发现D_{50}的峰值，与^{137}Cs和$^{210}Pb_{ex}$活度的最小值对应，标志着特大洪水的发生，即1998年百年一遇的强降雨事件。

水库的沉积泥沙以粉粒为主（83.3%），其次为黏粒（9.5%），沙粒含量最低（7.2%），机械组成随沉积深度变化较小。在10~15 cm深处发现沙粒含量的峰值，说明近几年沉积泥沙的机械组成发生了突变（图6-3d）。潜在泥沙源区土壤和剖面泥沙的机械组成（<2 mm）无显著差异（$P>0.01$），沉积泥沙的黏粒含量在3个泥沙源区的范围以内，而粉粒含量高于泥沙源区，沙粒含量低于泥沙源区（表6-4）。

表6-4　泥沙源区土壤与剖面泥沙的机械组成　　单位：%

泥沙源区/剖面	黏粒（<2 μm）	粉粒（2~63 μm）	沙粒（>63 μm）
耕地	9.9	82.4	7.7
非耕地	11.1	81.3	7.6
侵蚀沟	8.9	82.9	8.2
泥沙沉积剖面	9.5	83.3	7.2

2004年土坝被拆除，部分细沙粒流出微小集水区，相对多的粗沙粒沉积于微小集水区出口处。沉积层从第4层过渡至第3层时，泥沙属性有显著变化。包括^{137}Cs和$^{210}Pb_{ex}$活度变小，沙粒含量增大等。研究发现，^{137}Cs和$^{210}Pb_{ex}$更容易吸附于细颗粒表面（He et al.,1996）。由于拆除土坝后，泥沙沉积速率降低，$^{210}Pb_{ex}$直接沉降于沉积泥沙表面，导致第3层之后$^{210}Pb_{ex}$的活度逐渐增大。这些现象标志着第4层应为2004年的沉积泥沙。

6.2.3 指纹浓度特征

表6-5为微小集水区泥沙源区土壤和水库沉积泥沙的指纹浓度特征。耕地的Ti、Ga、As、Br和Ba的浓度分别为4 382.0 μg/g（*CV*=7.6%）、25.0 μg/g（*CV*=14.7%）、16.2 μg/g（*CV*=20.4%）、5.3 μg/g（*CV*=26.2%）、696.8 μg/g（*CV*=4.2%）；非耕地的指纹浓度分别为3 968.2 μg/g（*CV*=5.5%）、9.4 μg/g（*CV*=15.9%）、7.3 μg/g（*CV*=9.8%）、6.0 μg/g（*CV*=37.5%）、955.5 μg/g（*CV*=2.9%）；侵蚀沟的指纹浓度分别为4 748.5 μg/g（*CV*=5.2%）、18.6 μg/g（*CV*=9.0%）、10.8 μg/g（*CV*=20.3%）、1.8 μg/g（*CV*=51.4%）、644.5 μg/g（*CV*=3.5%）。相比于小流域，微小集水区的空间尺度小，泥沙源区的结构简单，对指纹的影响因素少，样本的代表性强，泥沙来源的定量结果更为稳定。与小流域一样，微小集水区指纹中Ba浓度的*CV*值最小，说明空间差异性小。微小集水区As和Br浓度的空间差异比较大，尤其侵蚀沟Br浓度的*CV*值高达51.4%，会影响泥沙来源定量结果的不确定性。相比于泥沙源区，沉积剖面的指纹浓度较为稳定，说明微小集水区的泥沙来源变化不剧烈，较为平稳。沉积泥沙中Ti、Ga、Ba和Ce浓度的均值分别为4 522.0 μg/g（*CV*=1.4%）、21.4 μg/g（*CV*=4.2%）、13.4 μg/g（*CV*=5.7%）、3.8 μg/g（*CV*=14.5%）、686.9 μg/g（*CV*=2.1%）。

表6-5 指纹浓度特征

泥沙源区/泥沙沉积剖面	指标	指纹					泥沙源区/沉积层数量
		Ti（μg/g）	Ga（μg/g）	As（μg/g）	Br（μg/g）	Ba（μg/g）	
耕地	均值	4 382.0	25.0	16.2	5.3	696.9	25
	CV（%）	7.6	14.7	20.4	26.2	4.2	
非耕地	均值	3 968.2	9.4	7.3	6.1	955.5	19
	CV（%）	5.5	15.9	9.8	37.5	2.9	
侵蚀沟	均值	4 748.5	18.6	10.8	1.8	644.5	27
	CV（%）	5.0	9.0	20.3	51.4	3.5	
泥沙沉积剖面	均值	4 522.0	21.5	13.4	3.8	686.9	42
	CV（%）	1.4	4.2	5.7	14.5	2.1	

注：*CV*表示变异系数。

通过分析泥沙沉积剖面的指纹浓度特征，发现各指纹随深度分布不规律，间接反映了耕地、非耕地和侵蚀沟的泥沙贡献比例变化（图 6-4）。同样，沉积泥沙从第 3 层向第 4 层过渡时，Ti、Ga、As、Br 和 Ba 的浓度均有突变现象，进一步印证该层为 2004 年的沉积泥沙。Ti、Ga、As、Br 和 Ba 在沉积剖面的变化波动范围分别为 4 404.4~4 649.8 μg/g、19.0~23.0 μg/g、11.4~14.6 μg/g、2.6~4.8 μg/g 和 660.0~717.0 μg/g。其中，Ga、As、Br 和 Ba 的浓度，随深度的变化规律几乎一致，且相关性显著（$P<0.01$，表 6-6），而 Ti 的变化趋势恰好相反，但相关性不显著。说明泥沙粒径与指纹浓度之间没有绝对的正相关或负相关关系。这与 Koarashi et al.（2018）发现粒径与^{137}Cs 活度的关系复杂基本一致。在不同土地利用条件下，粒径与^{137}Cs 活度的关系不统一。林地的^{137}Cs 主要吸附于大颗粒（212~2 000 μm）和沙粒级（20~212 μm）团聚体，而在农地大部分吸附于黏粒级（<2 μm）和粉粒级（2~20 μm）团聚体。再次证明，在没有准确地了解粒径与指纹浓度之间关系的情况下，Walling-Collins 模型中加入粒径校正系数可能会严重影响模型的计算精度。

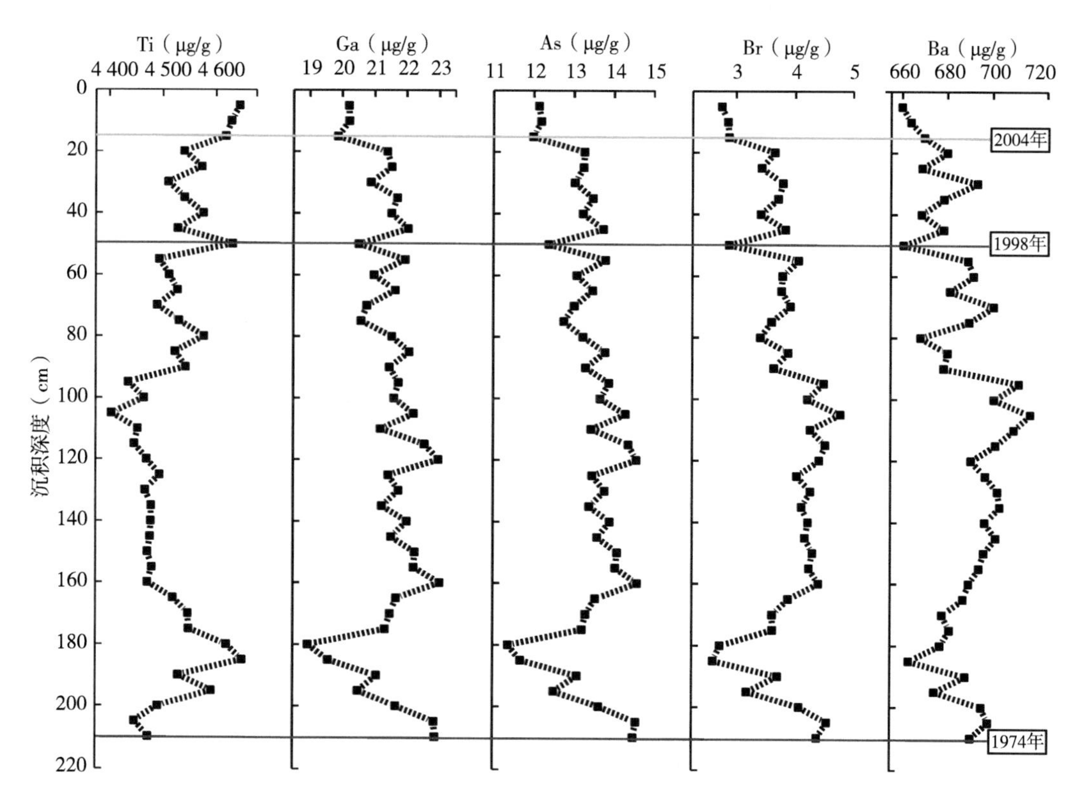

图 6-4　剖面指纹浓度分布

表 6-6　剖面的指纹浓度相关性分析

指纹	Ti	Ga	As	Br	Ba
Ti	1				
Ga	-0.754	1			
As	-0.861	0.983**	1		
Br	-0.987	0.846**	0.929**	1	
Ba	-0.939	0.488**	0.639**	0.878**	1

注：** 表示在 P<0.01 水平上相关性显著。

6.2.4　泥沙沉积速率

^{210}Pb 测年法通过估算水库泥沙的沉积年龄，为反演微小集水区的侵蚀产沙过程提供时间信息，可进一步计算相应时间水库的泥沙沉积速率。本研究基于泥沙沉积剖面的植被层、D_{50}峰值和泥沙属性的突变层，分别确定了水库的原始土壤表层，即标志着水库的建设年（1974 年）、百年一遇洪水年（1998 年）和水库的拆除年（2004 年）等 3 个独立时标。在 3 个独立时标的基础上，使用 C-CRS 模型估算了剖面每层泥沙的沉积时间和沉积速率（图 6-5）。

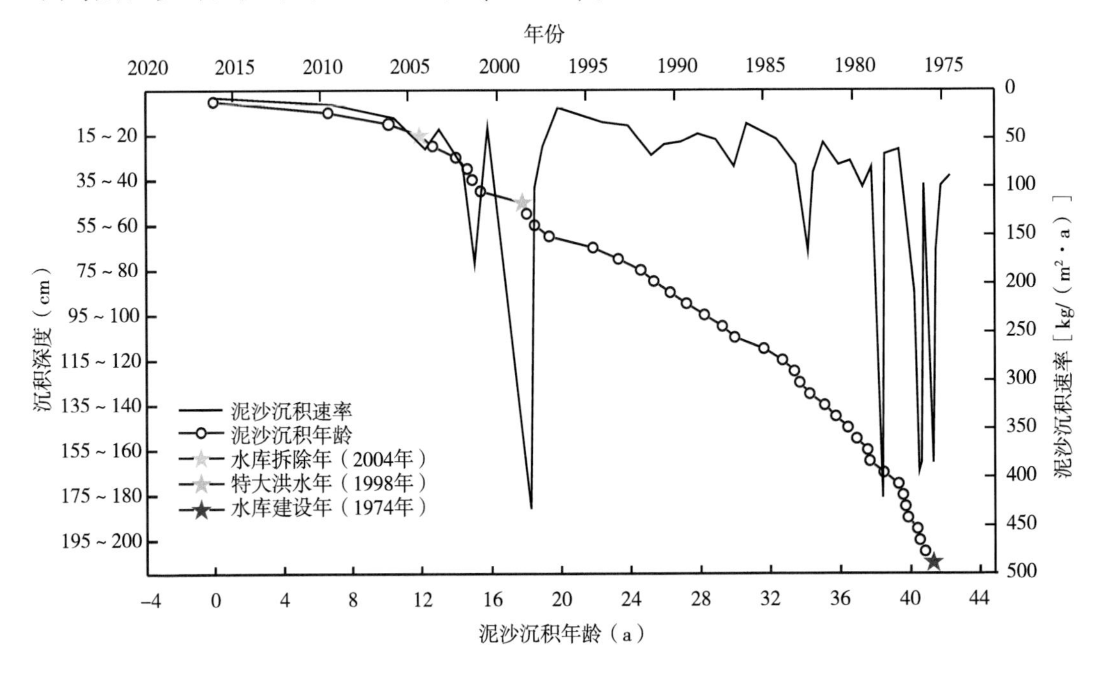

图 6-5　基于 C-CRS 模型的水库剖面泥沙沉积年龄及沉积速率

1974—2016 年，水库的泥沙沉积速率呈现逐年减小的趋势。20 世纪 70 年代，微小集水区的土壤流失最为严重，水库的泥沙沉积速率显著高于其他时期。直到 1979 年后，泥沙沉积速率开始下降。近几年的泥沙沉积速率最小，最大的泥沙沉积速率发生于 1998 年，由当年百年一遇的特大洪水引起。2004 年土坝被拆除，将水库改建为把口站，微小集水区上游的侵蚀泥沙不能全部沉积于微小集水区出口处，一部分泥沙流出集水区。意味着沉积环境发生变化，导致 2005—2016 年的泥沙沉积速率不能准确地反映研究区的土壤侵蚀情况。因此，本章仅研究 1974—2004 年的微小集水区土壤侵蚀与泥沙来源动态变化。

1974—2004 年，水库的泥沙沉积速率与研究区的降水量和降雨侵蚀力无显著相关性（图 6-6、表 6-7）。其原因可能有以下 3 种：首先，由于水库的沉积泥沙没有形成明显的沉积旋回，不能将沉积剖面准确地按每年沉积泥沙的边界进行分层。根据预设增量（5 cm）等分沉积剖面，会使每个沉积层可能包含多年的沉积泥沙，或同一年的沉积泥沙被分割成多个沉积层。因此，^{210}Pb 测年法估算的泥沙沉积时间和沉积速率存在不确定性，会影响泥沙沉积速率与降水量和降雨侵蚀力之间的相关性。虽然^{210}Pb 测年法不能准确地估算泥沙的沉积年龄和沉积速率，但可提供泥沙沉积速率随时间的变化趋势。其次，土地管理和水土保持措施会影响土壤侵蚀，降低泥沙沉积速率与降水量和降雨侵蚀力之间的相关性。最后，融雪径流和降雨径流两种土壤侵蚀驱动力的综合作用，同样会影响泥沙沉积速率与降水量和降雨侵蚀力之间的相关性。

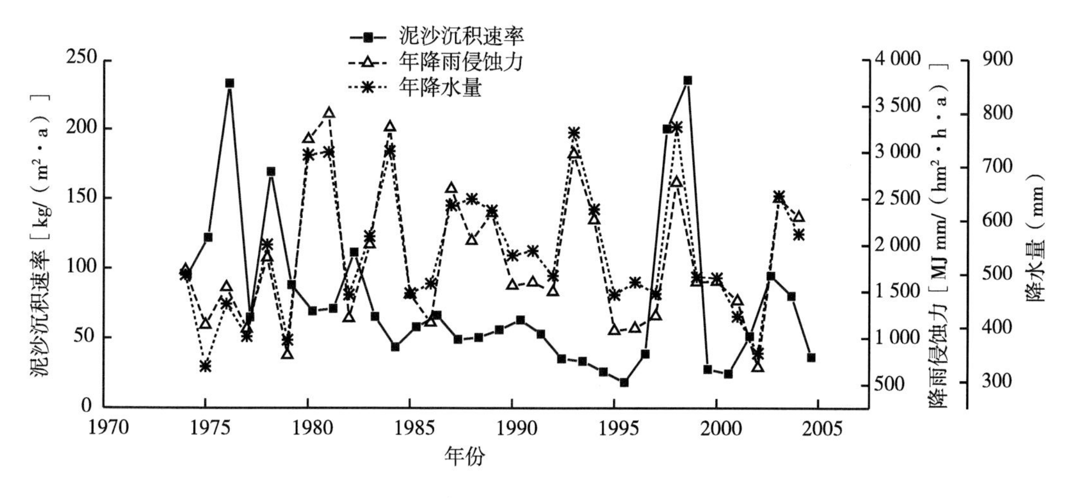

图 6-6　1974—2004 年泥沙沉积速率、降水量和降雨侵蚀力

表 6-7　泥沙沉积速率与降水量和降雨侵蚀力的线性回归分析

指标	r^2	相关性		单因子方差分析		系数	
		Pearson 相关性	*P* 值	*F*	*P* 值	*t*	*P* 值
降水量	0.005	−0.070	0.710	0.141	0.710	−0.376	0.710
降雨侵蚀力	0.008	−0.088	0.637	0.227	0.637	−0.476	0.637

为了解研究区土壤侵蚀与土地管理/水土保持措施间的响应关系，建立逐年累积降水量与逐年累积泥沙沉积速率间的关系，发现 1979 年向 1980 年过渡时有一个明显的拐点（图 6-7）。1974—1979 年散点图的趋势线斜率明显大于 1980—1996 年，说明 1979 年后微小集水区的土壤侵蚀减小，水库的泥沙沉积速率显著降低。受 1998 年特大洪水的影响，水库的泥沙沉积速率较大，之后的逐年累积降水量与逐年累积泥沙沉积速率间的关系变得复杂。由于^{210}Pb 测年法估算的泥沙沉积年龄和泥沙沉积速率有不确定性，将 1998 年的沉积泥沙分摊于 1997 年和 1998 年，导致 1980—1996 年和 1999—2004 年的曲线不连续，形成突变。这种突变只能反映低频高强度的土壤侵蚀事件，不能代表水土保持措施与土壤侵蚀之间的响应关系。1998 年后，散点图趋势线的斜率大于 1980—1996 年，说明 1999—2004 年的泥沙沉积速

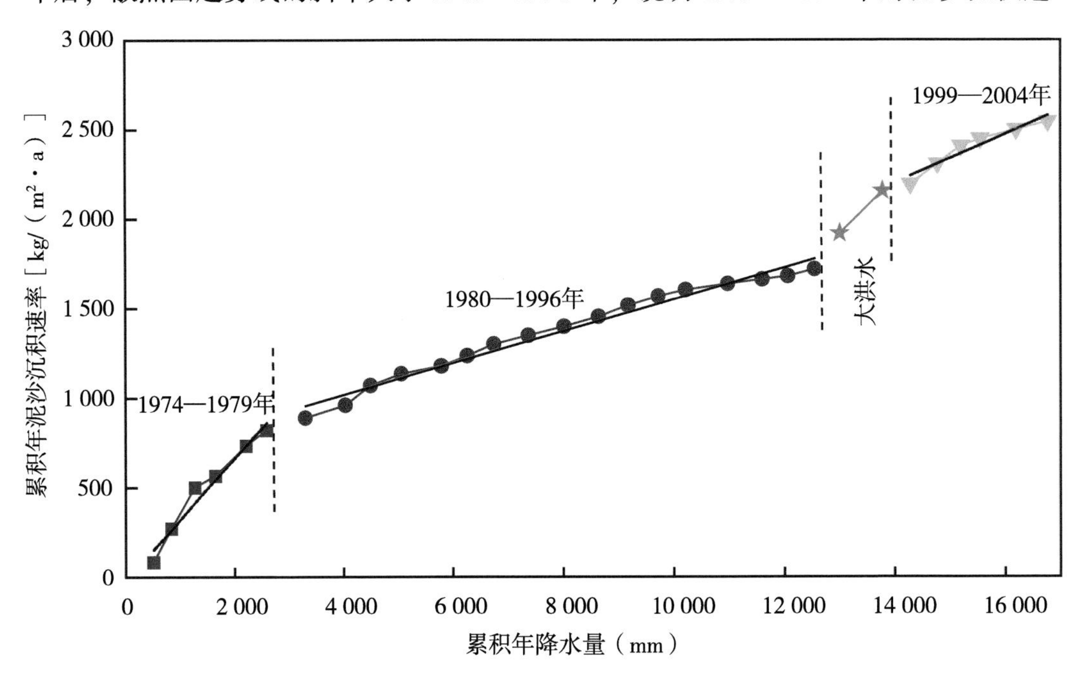

图 6-7　逐年累积降水量与泥沙沉积速率的关系

率或产沙量大于 1980—1996 年，但仍小于 1974—1979 年。散点图的变化趋势和拐点出现的时间，与研究区 20 世纪 70—80 年代种植防护林带和采取保护性耕作措施的时间基本一致。1980 年以前，对土壤侵蚀的关注较少，加上研究区 20 世纪 50 年代和 60 年代的两次大规模开垦破坏了原始植被和草甸，导致了严重水土流失的发生。80 年代初开始，国家加强水土保持工作力度，首次有计划、有步骤地开展大规模水土流失综合治理的基础建设项目，如“国家水土保持重点建设工程”，后续在东北黑土区积极采取了一系列的水土保持措施工程。尽管受 1998 年特大洪水事件的影响，但水库的泥沙沉积速率整体上还是呈现了逐年减小的趋势（图 6-5）。比较 3 个时期的年均泥沙沉积速率和各时期散点图趋势线斜率，可知水土保持措施的保土效益非常显著。1980—1996 年的年均泥沙沉积速率较 1974—1979 年降低了约 60%。即使在 1998 年特大洪水后，土壤流失有加重的趋势，但 1999—2004 年的年均泥沙沉积速率还是较 1974—1979 年降低了约 53%。

6.2.5　泥沙来源变化

利用 Walling-Collin 模型定量了微小集水区的耕地、非耕地和侵蚀沟等泥沙源区对水库沉积泥沙的贡献比例（图 6-8）。每个沉积层的泥沙贡献比例是 2 500次蒙特卡罗模拟抽样计算结果的均值。表 6-8 是各沉积层泥沙来源计算结果的拟合度（*MAF*）、标准误差（*SE*）、泥沙贡献比例及其 95%置信上限（UL）与下限（LL）。在每个沉积层的泥沙来源计算过程中 MAF 保持稳定，取值范围为 0. 90~0. 97，均值为 0. 95，证明泥沙来源定量结果可靠。各源区泥沙贡献比例结果的 95%置信区间范围较窄，再次证明了计算结果的可信度。

表 6-8　泥沙来源计算结果拟合度（*MAF*）、标准误差（*SE*）、95%置信上限（UL）与下限（LL）

单位:%

深度（cm）	*MAF*	耕地				非耕地				侵蚀沟			
		均值	*SE*	95%LL	95%UL	均值	*SE*	95%LL	95%UL	均值	*SE*	95%LL	95%UL
15~20	0. 94	43. 9	2. 3	39. 3	48. 5	8. 8	1. 3	6. 2	11. 4	47. 3	2. 7	42. 1	52. 6
20~25	0. 95	41. 1	2. 1	37. 0	45. 2	7. 3	0. 9	5. 5	9. 1	51. 6	2. 4	46. 9	56. 4
25~30	0. 95	43. 7	2. 3	39. 2	48. 2	11. 7	1. 4	9. 0	14. 5	44. 6	2. 4	39. 9	49. 2
30~35	0. 97	46. 6	1. 9	42. 8	50. 4	8. 2	1. 2	5. 9	10. 6	45. 2	2. 2	41. 0	49. 5
35~40	0. 95	41. 4	2. 4	36. 8	46. 0	7. 3	0. 8	5. 7	9. 0	51. 3	2. 6	46. 1	56. 5

（续表）

深度（cm）	*MAF*	耕地				非耕地				侵蚀沟			
		均值	*SE*	95%LL	95%UL	均值	*SE*	95%LL	95%UL	均值	*SE*	95%LL	95%UL
40~45	0.95	49.0	1.8	45.5	52.5	7.9	1.1	5.8	9.9	43.2	1.9	39.5	46.9
45~50	0.96	17.7	2.4	13.0	22.4	7.0	1.0	5.1	8.9	75.3	2.6	70.2	80.3
50~55	0.96	53.2	2.7	48.0	58.4	9.9	1.2	7.7	12.2	36.9	2.8	31.4	42.3
55~60	0.94	44.3	2.1	40.1	48.5	11.4	1.2	8.9	13.8	44.4	2.3	39.8	48.9
60~65	0.94	47.6	2.4	42.9	52.3	8.4	1.3	5.8	10.9	44.1	2.5	39.2	49.0
65~70	0.96	44.2	2.1	40.1	48.3	13.1	1.5	10.1	16.1	42.7	2.5	37.7	47.7
70~75	0.96	39.5	2.5	34.6	44.4	11.2	1.2	9.0	13.5	49.3	2.9	43.6	55.0
75~80	0.96	40.7	2.2	36.4	45.0	7.1	0.8	5.5	8.6	52.3	2.4	47.6	57.0
80~85	0.96	50.5	2.4	45.9	55.1	8.2	1.3	5.7	10.8	41.3	2.7	35.9	46.6
85~90	0.92	43.8	2.1	39.8	47.9	8.2	1.0	6.1	10.2	48.0	2.3	43.6	52.4
90~95	0.96	58.1	2.2	53.8	62.4	13.6	1.5	10.7	16.5	28.4	2.8	22.9	33.8
95~100	0.94	54.0	2.4	49.4	58.7	12.2	1.2	9.8	14.7	33.8	2.5	29.0	38.6
100~105	0.96	64.0	2.2	59.7	68.4	13.5	1.3	11.1	16.0	22.5	2.1	18.4	26.5
105~110	0.96	51.6	2.4	46.9	56.3	14.2	1.3	11.7	16.7	34.3	2.7	28.9	39.6
110~115	0.96	62.4	2.1	58.4	66.5	11.0	1.5	8.2	13.9	26.6	2.2	22.3	31.0
115~120	0.97	62.6	2.5	57.6	67.6	8.7	0.8	7.0	10.3	28.8	2.7	23.5	34.1
120~125	0.97	50.2	2.4	45.6	54.8	10.9	1.3	8.3	13.4	39.0	3.0	33.1	44.8
125~130	0.97	55.1	2.2	50.7	59.5	11.9	1.3	9.4	14.3	33.1	2.4	28.4	37.8
130~135	0.97	50.7	2.5	45.8	55.6	13.2	1.3	10.6	15.8	36.2	2.7	30.8	41.5
135~140	0.97	54.8	2.3	50.4	59.3	11.3	1.3	8.8	13.9	33.9	2.4	29.2	38.6
140~145	0.97	53.2	2.1	49.0	57.3	11.7	1.1	9.6	13.8	35.2	2.5	30.3	40.1
145~150	0.96	57.8	2.3	53.2	62.4	10.4	1.3	7.8	13.0	31.8	2.4	27.1	36.5
150~155	0.97	56.4	1.9	52.8	60.1	10.4	1.2	8.1	12.8	33.2	2.3	28.6	37.7
155~160	0.95	62.5	2.6	57.5	67.5	8.3	1.4	5.6	11.1	29.2	2.6	24.0	34.4
160~165	0.96	49.9	2.1	45.7	54.0	9.1	1.2	6.7	11.4	41.1	2.5	36.3	45.9
165~170	0.90	43.9	1.7	40.5	47.3	8.7	1.4	5.9	11.5	47.5	2.5	42.6	52.3
170~175	0.94	43.6	2.2	39.3	47.9	9.8	1.2	7.4	12.2	46.6	2.7	41.4	51.8
175~180	0.95	17.6	2.0	13.7	21.5	11.0	1.4	8.2	13.7	71.4	2.8	65.9	76.9
180~185	0.93	18.9	1.8	15.4	22.3	8.9	1.4	6.2	11.5	72.2	2.4	67.6	76.9
185~190	0.96	43.2	2.3	38.8	47.6	10.5	1.3	7.9	13.1	46.3	2.7	41.0	51.6

（续表）

深度（cm）	*MAF*	耕地				非耕地				侵蚀沟			
		均值	*SE*	95%LL	95%UL	均值	*SE*	95%LL	95%UL	均值	*SE*	95%LL	95%UL
190~195	0.92	33.1	1.9	29.4	36.8	8.9	1.1	6.9	11.0	58.0	2.2	53.7	62.3
195~200	0.97	51.9	2.8	46.5	57.3	10.5	1.3	8.1	13.0	37.6	3.0	31.8	43.4
200~205	0.97	64.1	2.4	59.4	68.8	10.2	1.2	7.9	12.6	25.7	2.2	21.3	30.1
205~210	0.97	61.7	2.7	56.4	67.0	9.1	1.0	7.2	11.0	29.3	2.5	24.3	34.2
均值	0.95	47.9	2.2	43.5	52.3	10.1	1.2	7.7	12.5	42.0	2.5	37.1	46.9

各源区的泥沙贡献比例随沉积深度无明显变化规律。1974—2004 年，耕地的平均泥沙贡献比例为 47.9%，变化范围为 17.6%~64.1%，最大值和最小值分别出现在 200~205 cm 和 175~180 cm。而非耕地（林地和草地）的平均泥沙贡献比例为 10.1%，变化范围为 7.0%~14.2%。由于非耕地面积很小，约仅占整个微小集水区面积的 6%，而耕地的面积大，约占整个微小集水区面积的 93%，使耕地的泥沙贡献比例远大于非耕地。且林地和草地常年被植被和枯枝落叶覆盖，土壤侵蚀模数远小于耕地。但对单位面积的泥沙贡献比例而言，耕地小于非耕地。这是由于研究区地处典型漫岗区，坡长且缓，泥沙输移比小（Dong et al.,2013），只有少部分的耕地侵蚀泥沙能到达微小集水区出口，大部分泥沙仅发生短距离迁移后沉积，未能到达水库。而非耕地的泥沙源区采样点离水库近，导致来源于林地和草地的侵蚀泥沙只需要搬运一小段距离就能到达微小集水区出口，并沉积于水库。这与 Haddadchi et al.（2015）在澳大利亚 Emu Creek 的研究结果一致。侵蚀沟的平均泥沙贡献比例为 42.0%，变化范围为 22.5%~75.3%。尽管侵蚀沟的泥沙贡献比例接近于与耕地，但微小集水区的主要泥沙源区仍是耕地。整体来讲，微小集水区的潜在源区的泥沙贡献比例与小流域（耕地为 50.6%，非耕地为 6.5%，侵蚀沟为 43.9%）接近。其中，微小集水区的非耕地泥沙贡献比例大于小流域，而耕地和侵蚀沟的泥沙贡献比例略小于小流域。泥沙沉积期间，非耕地的泥沙贡献比例变异性最小，基本保持恒定。而耕地和侵蚀沟泥沙贡献比例的变异性较大，变异幅度接近，但持有相反的变化模式，即当一个源区的泥沙贡献比例增大时另一个减小。3 种源区泥沙贡献比例随沉积深度的变化趋势如图 6-8b 所示。耕地的泥沙贡献比例随泥沙沉积深度呈逐渐减小的趋势，侵蚀沟呈相反的变化趋势，非耕地的泥沙贡献比例基本保持不变，变化趋势均不显著（$P>0.01$）。

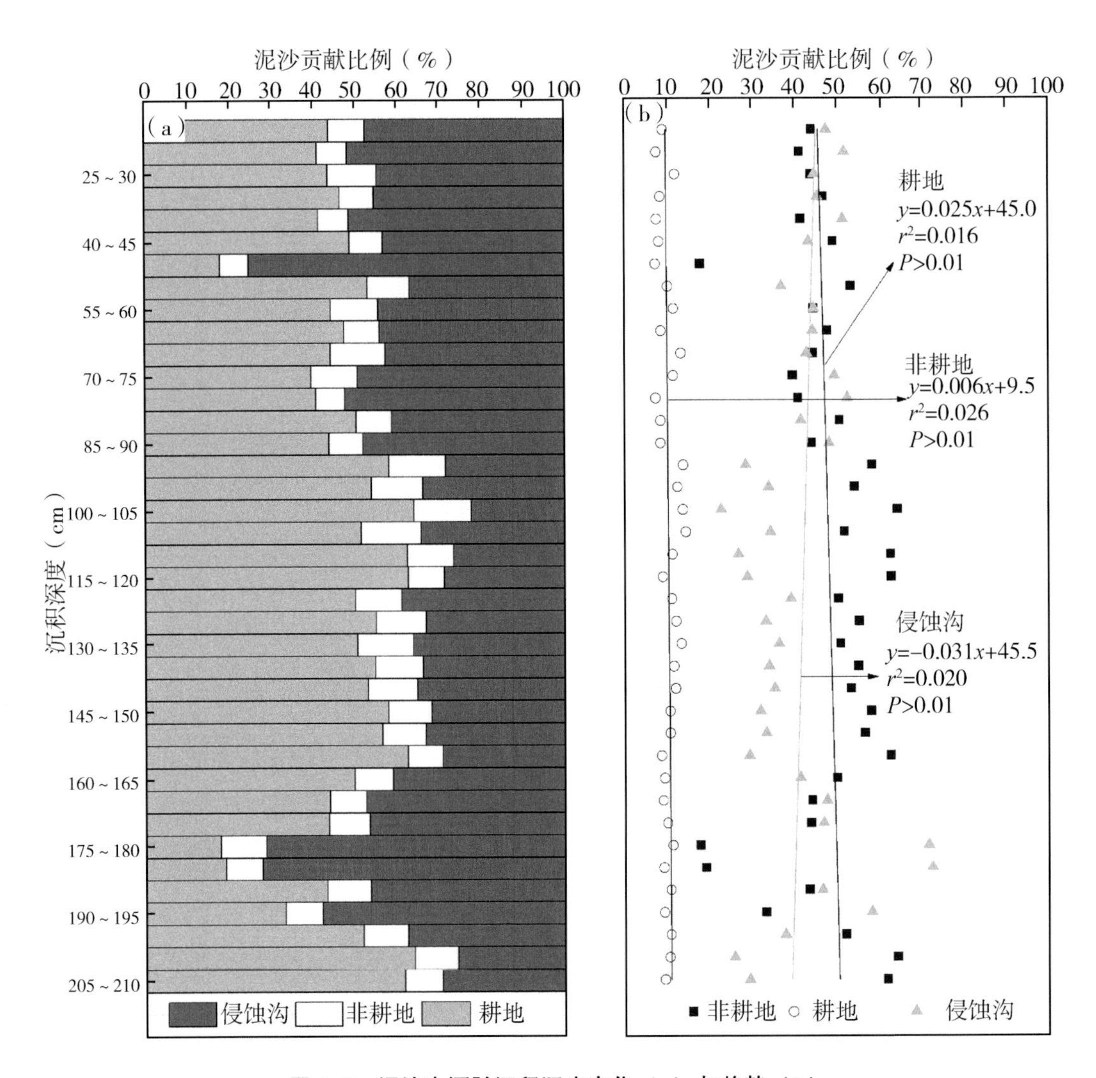

图 6-8　泥沙来源随沉积深度变化（a）与趋势（b）

研究泥沙来源特征与水土保持措施和降水量之间的响应关系，需要了解每年的泥沙贡献比例信息，而不是按照预定增量等分沉积层的泥沙来源信息。结合各层泥沙的沉积年龄（图 6-5）和泥沙来源信息（图 6-8a），将耕地、非耕地和侵蚀沟的泥沙贡献比例分配到每一年，从而估算了微小集水区 1974—2004 年各源区的泥沙贡献比例（图 6-9）。1974—1979 年，由于不合理的土地管理，坡面侵蚀没有得到及时的控制，耕地的土壤流失非常严重，水库的年均泥沙沉积速率达到峰值。期间，耕地（均值=50.4%）是水库沉积泥沙的主要源区，其次是侵蚀沟（均值=39.9%）。20 世纪 80 年代初期和中期，为控制土壤流失，开展了一系列的水土保持工作，如保护性耕作、种植农田防护林带等，均有效地控制了耕地的土壤侵蚀，使耕地的土壤流失量呈减小趋势。尤其在 1988 年之后，水土保持措施对耕地的保土效益更加明显，从而使侵蚀沟的泥沙贡献比例相对增大。受 1998 年特大洪水事件的影响，侵蚀沟的泥沙贡献比例显著增大，1997 年和 1998 年的侵蚀沟泥沙贡献比例均超过 50%。

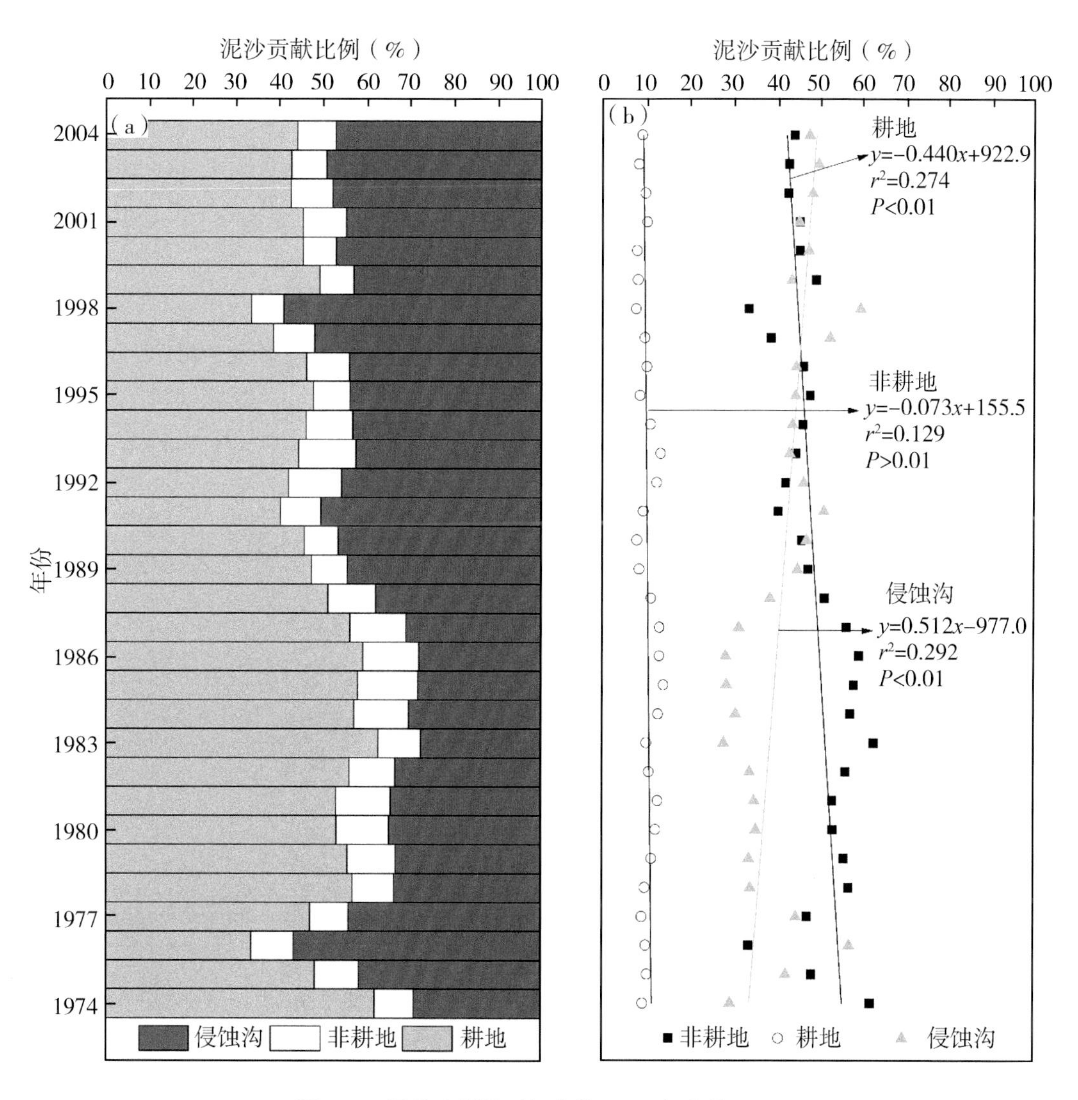

图 6-9　泥沙来源随时间变化（a）与趋势（b）

图 6-9a 的数据表明，1991 年和 1976 年的侵蚀沟泥沙贡献比例也均超过 50%。尽管 1976 年的大降水量与侵蚀沟的高泥沙贡献比例和水库的高泥沙沉积速率相吻合，但 1974—2004 年，各源区的泥沙贡献比例与降水量和降雨侵蚀力没有显著的相关性（表 6-9）。同样，1974 年和 1983 年，耕地的高泥沙贡献比例与相应的降水

量和降雨侵蚀力之间没有直接联系。这种泥沙贡献比例与降水量和降雨侵蚀力之间缺乏相关性的现象，再次反映了^{210}Pb测年法估算泥沙沉积年龄和沉积速率上还不是特别精确。分析1974—2004年各源区的泥沙贡献比例变化趋势（图6-9b），发现非耕地的泥沙贡献比例随时间变化不显著（$P>0.01$），而耕地和侵蚀沟的变化显著（$P<0.01$），其中侵蚀沟的泥沙贡献呈逐年增大的趋势，而耕地呈逐年减小的趋势。这说明水土保持措施降低了耕地的泥沙贡献比例，这就使得侵蚀沟的泥沙贡献比例被动增大。需要注意的是，研究水土保持措施与泥沙来源的响应关系时，需要区分泥沙贡献量和相对泥沙贡献比例之间的差异。定量泥沙贡献比例并没有考虑微小集水区的产沙量，而仅仅是相对比例，但某一年某一源区的泥沙贡献比例减小时，其泥沙贡献量却可能是增大的。

表6-9　泥沙贡献比例与沉积速率、降雨侵蚀力和降水量的相关性分析

	泥沙沉积速率	降雨侵蚀力	降水量	耕地	侵蚀沟
泥沙沉积速率	1				
降雨侵蚀力	−0.088	1			
降水量	−0.070	0.936**	1		
耕地	−0.206	0.276	0.205	1*	
侵蚀沟	0.340	−0.128	−0.049	−0.614**	1

注：* 表示在$P<0.05$水平上相关性显著；** 表示在$P<0.01$水平上相关性显著。

6.2.6　泥沙贡献量

基于水库的泥沙沉积速率（图6-6）和各源区的泥沙贡献比例数据（图6-9），计算出了耕地、非耕地和侵蚀沟的年泥沙贡献量，并以沉积速率表示（图6-10）。根据图6-7提供的两个转折点，将1974—2004年分为3个时期（1974—1979年，1980—1996年，1999—2004年）进行比较，并使用水平线表示各时期的年均泥沙沉积速率。1974—2004年，耕地、非耕地和侵蚀沟的泥沙贡献量变化趋势相似。1974—1979年，3个泥沙源区的产沙量最大，耕地的泥沙贡献量大于侵蚀沟。1980年后，水土保持措施使3个泥沙源区的产沙量减少了约60%。说明水土保持措施对各泥沙源区均有保土效益。1998年发生的强降雨事件活跃了侵蚀沟的发育，使1999—2004年间产沙量有所增长（图6-7）。1999—2004年侵蚀沟的产沙量大于1980—1996年，接近于同时期耕地的产沙量（图6-10a、图6-10c）。而1980—

1996 年与 1999—2004 年，耕地的产沙量基本保持一致，没有明显的变化。说明 1998 年后侵蚀沟的产沙量增大，是导致水库泥沙沉积速率上升的主要原因。这可能是 1998 年极端降雨事件发育了新的侵蚀沟，或者重新激活了往日不活跃的侵蚀沟，增大了侵蚀沟的产沙量导致的。

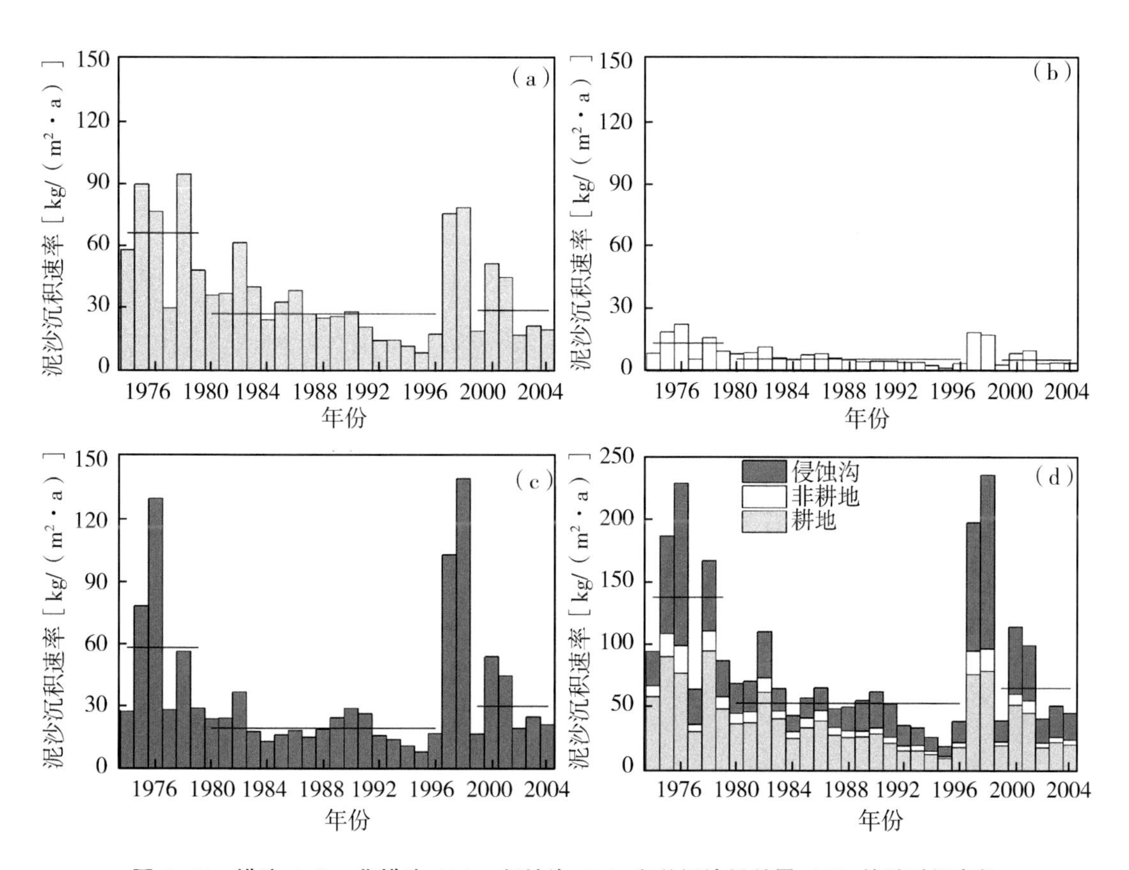

图 6-10　耕地（a）、非耕地（b）、侵蚀沟（c）和总泥沙贡献量（d）的随时间变化

6.3　本章小结

本研究利用微小集水区出口处水库的泥沙沉积剖面，反演微小集水区的土壤侵蚀以及耕地、非耕地和侵蚀沟的泥沙贡献变化特征，同时评价水土保持措施与土壤侵蚀的响应关系。由于 2004 年土坝被拆除，沉积环境发生变化，所以只关注了 1974—2004 年的水库泥沙沉积速率和泥沙来源信息。

根据植被层、D_{50}峰值和剖面泥沙属性的突变提供的独立时标，使用^{210}Pb 测年法获取了泥沙沉积时间序列和相应时间内水库的泥沙沉积速率。根据逐年累计降水量和累计泥沙沉积速率信息提供的转折点，将水库泥沙沉积的时间分为 3 个阶段，即 1974—1979 年、1980—1996 年和 1999—2004 年。

发现 1980—1996 年微小集水区的产沙量较 1974—1979 年减少了约 60%。受 1998 年特大洪水事件的影响，侵蚀沟的泥沙贡献显得更为突出，使 1999—2004 年的产沙量有所增大，但与 1974—1979 年相比仍降低了约 53%。

1974—2004 年，微小集水区水库的沉积泥沙主要来源于耕地和侵蚀沟，分别贡献 47.9%和 42.0%，而非耕地仅贡献 10.1%的泥沙。其中，耕地的泥沙贡献比例随时间呈显著减少的趋势（$P<0.01$），而侵蚀沟的泥沙贡献比例呈显著增大的趋势（$P<0.01$）。与小流域尺度的泥沙贡献比例相比，微小集水区的非耕地泥沙贡献比例大于小流域，而耕地和侵蚀沟的泥沙贡献比例略小于小流域。

1974—1979 年耕地为微小集水区的主要泥沙源区，约占总产沙量的 60%。1980 年后采取了一系列水土保持措施，坡耕地的土壤流失量慢慢减小，侵蚀沟的泥沙贡献比呈增加的趋势，但仍以耕地为主。1998 年后耕地的泥沙贡献比例明显减小，仅占微小集水区总产沙量的 53%。

第 7 章　不同空间尺度小流域泥沙来源研究

土壤侵蚀是一个具有明显尺度效应的过程。不同空间尺度土壤侵蚀规律有着明显差异，导致小尺度土壤侵蚀成果无法很好地应用到更大尺度流域。空间尺度的差异必然会导致土壤侵蚀过程的主要影响因素相应的研究内容有所差异。目前，水土保持效应评价在坡面、流域与区域尺度上分别构建相应的评价指标体系，并进行监测。因此，不同空间尺度的土壤侵蚀规律及其定量研究已成为水土保持热点问题。

东北黑土区坡面侵蚀面积大，河道输沙量小是本区侵蚀产沙的鲜明特点之一（张晓平等，2006），大部分侵蚀泥沙在流域内发生临时性或永久性沉积，导致土壤侵蚀和泥沙输移过程非常复杂（Beach，1994）。泥沙源区的识别和分类应综合考虑示踪指纹的测试成本、分析手段、空间分布水平、时间尺度和空间尺度。小尺度流域的泥沙源区空间分布相对简单，影响因素少；而大尺度流域的泥沙源区空间分布复杂，影响因素多，存在采样质和量的矛盾，即当流域面积增大而采样数不变时，每个采样点的空间代表性降低，但是采样数增加时，数据分析精确度又降低。大流域适宜采用空间物源划分以简化流域潜在物源数量、减少采样数、降低复杂度、规避不确定性（唐强等，2013）。因此，土壤侵蚀的空间尺度效应及其在不同空间尺度下的水土流失定量评价研究，对土壤侵蚀模型的建立、水土保持规划及土地资源的合理利用有着重要意义。本章研究目的是通过比较鹤北流域及其子流域的泥沙来源，探讨流域空间尺度对指纹以及泥沙贡献的影响，并为不同空间尺度土壤侵蚀研究提供依据。

7.1　泥沙样品采集

在鹤北流域和子流域（微小积水区）主沟道的沟底分别采集 5 个沉积泥沙，共计 10 个泥沙样品（图 7-1）。

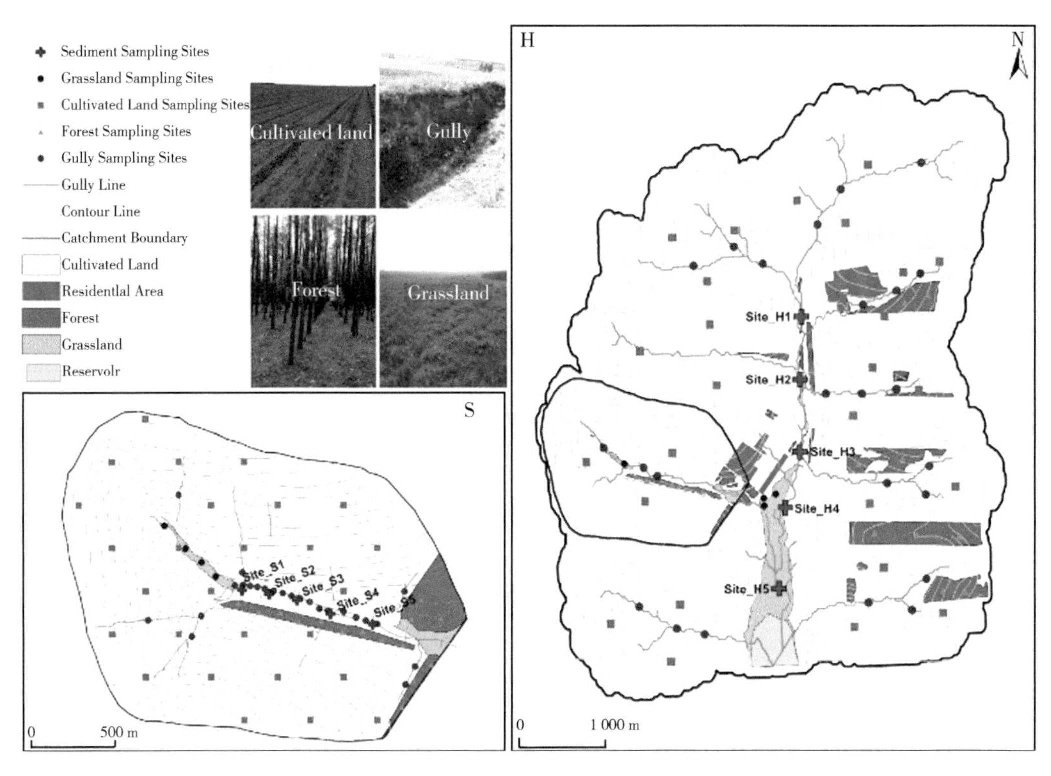

图 7-1　鹤北流域及其子流域采样点布设

注：H 表示鹤北流域；S 表示子流域。

7.2　泥沙来源定量模型

应用 Bayesian 模型定量鹤北流域和子流域耕地，非耕地和侵蚀沟的泥沙贡献比例。

7.3　结果与讨论

7.3.1　指纹特征的空间变异性

指纹特征受土地利用类型、土壤侵蚀和空间尺度的影响（Du et al.，2012）。通过比较两种空间尺度流域中耕地、非耕地和侵蚀沟潜在指纹浓度的变异系数（Coefficients of Variation，*CV*），发现除个别示踪因子外（耕地：Ni、Ga、Ba、Pb；非耕地：Cr、Ni、Zr、Pb、Si、Ca、Na、K；侵蚀沟：Mn、Co、Rb、Al），*CV* 比值（*CV* 比值 = $CV_{子流域指纹浓度}$/ $CV_{鹤北流域指纹浓度}$）普遍小于1.0（图7-1）。鹤北流域及其子流域中相同泥沙源区29种示踪因子的变异系数差异显著（$P<0.01$）（表7-1）。这些结果表明，尽管通过混合采样的方法采集泥沙源区每个采样点的土壤，可以提高样品代表性，但是没能有效地降低较大流域示踪因子的空间差异，这种情况在耕地和侵蚀沟表现更为明显，空间尺度差异敏感。

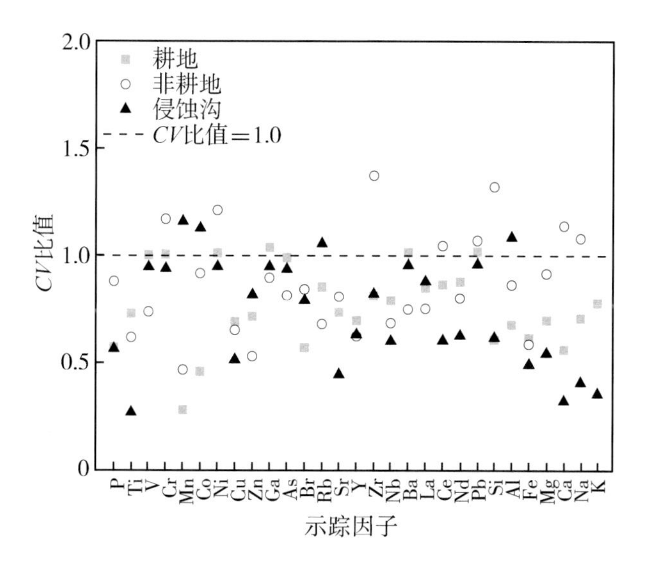

图7-2　鹤北流域及其子流域29种指纹示踪因子的 *CV* 比值

（*CV* 比值 = $CV_{子流域指纹浓度}/CV_{鹤北流域指纹浓度}$）

表7-1　鹤北流域及其子流域耕地、非耕地和侵蚀沟的29种泥沙来源示踪指纹的变异系数

单位：%

指纹	耕地**		非耕地**		侵蚀沟**	
	子流域	鹤北流域	子流域	鹤北流域	子流域	鹤北流域
P	10.0	17.4	17.0	19.2	27.7	49.2
Ti	7.6	10.3	5.5	8.9	5.0	18.8
V	14.8	14.7	8.5	11.5	16.6	17.5
Cr	14.9	14.8	13.5	11.5	18.1	19.3
Mn	9.9	35.3	7.6	16.4	38.4	33.1
Co	12.2	26.6	13.6	14.8	27.6	24.5

（续表）

指纹	耕地**		非耕地**		侵蚀沟**	
	子流域	鹤北流域	子流域	鹤北流域	子流域	鹤北流域
Ni	30.2	29.8	26.4	21.8	23.5	24.7
Cu	23.6	34.1	20.5	31.5	16.3	31.7
Zn	11.6	16.2	10.6	20.0	14.1	17.2
Ga	14.7	14.1	13.8	15.4	9.0	9.4
As	20.4	20.5	9.3	11.4	20.3	21.6
Br	26.2	45.9	34.5	40.9	51.4	64.9
Rb	9.0	10.5	9.3	13.6	7.4	7.0
Sr	9.7	13.1	11.7	14.4	6.7	15.1
Y	13.0	18.6	11.3	18.1	10.1	15.9
Zr	11.9	14.7	21.9	15.9	10.9	13.2
Nb	12.2	15.4	11.3	16.5	8.9	14.8
Ba	4.2	4.1	2.6	3.5	3.5	3.6
La	14.9	17.5	10.8	14.4	14.1	16.0
Ce	11.7	13.5	9.9	9.4	8.9	14.7
Nd	14.9	16.9	10.7	13.3	10.4	16.7
Pb	21.4	21.0	25.8	24.1	12.7	13.3
Si	3.6	6.0	8.9	6.7	5.0	8.0
Al	3.5	5.2	5.1	5.9	3.9	3.6
Fe	9.4	15.3	7.2	12.4	10.2	20.7
Mg	10.8	15.5	10.2	11.1	14.8	27.2
Ca	9.3	16.5	17.4	15.3	8.1	25.3
Na	10.2	14.5	11.0	10.2	6.9	16.9
K	4.5	5.8	11.8	5.5	3.2	9.0
均值	12.8	17.4	13.0	14.9	14.3	19.8

注：** 表示在 $P<0.01$ 水平上相关性显著。

为了进一步揭示示踪因子的空间变异特征，本研究估算了95%置信区间的均值（图7-3）。发现耕地的该值普遍小于±10%，子流域和鹤北流域29种测试示踪因子中仅分别有2和5种因子的95%置信区间均值置于±10%～±20%（图7-3a）。同样，对非耕地而言，大部分示踪因子的95%置信区间均值小于±10%（图7-3b），子流域和鹤北流域仅分别有2和5种因子的该值超过了±10%，Br的该值高达±20.3%。侵蚀沟示踪因子的95%置信区间均值不确定性最大，子流域和鹤北流域分别有4和

8种因子的95%置信区间均值置于±10%~±20%，仅分别有1和2种因子的95%置信区间均值大于±20%（图7-3c）。这种指纹浓度的空间不确定性会传递至模型，进而影响最终潜在源区的泥沙贡献比例。

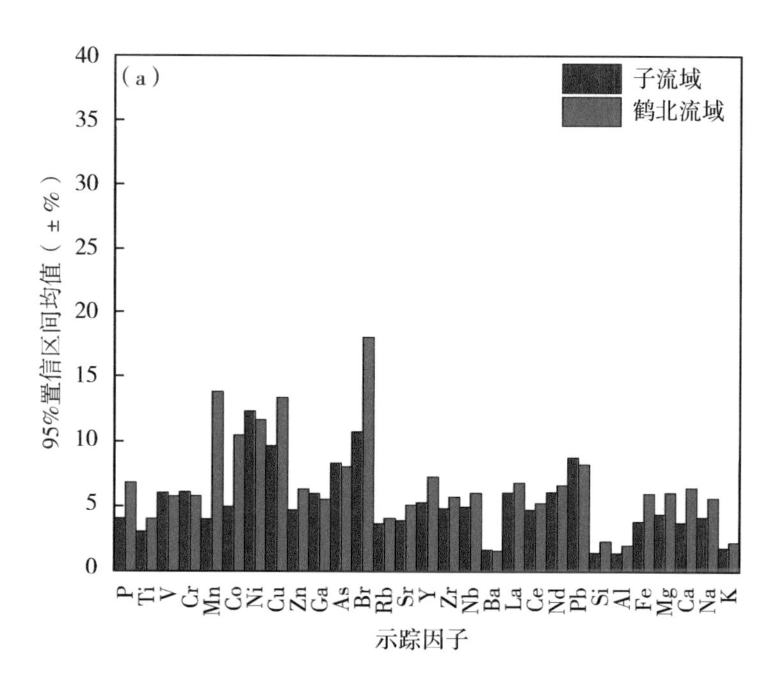

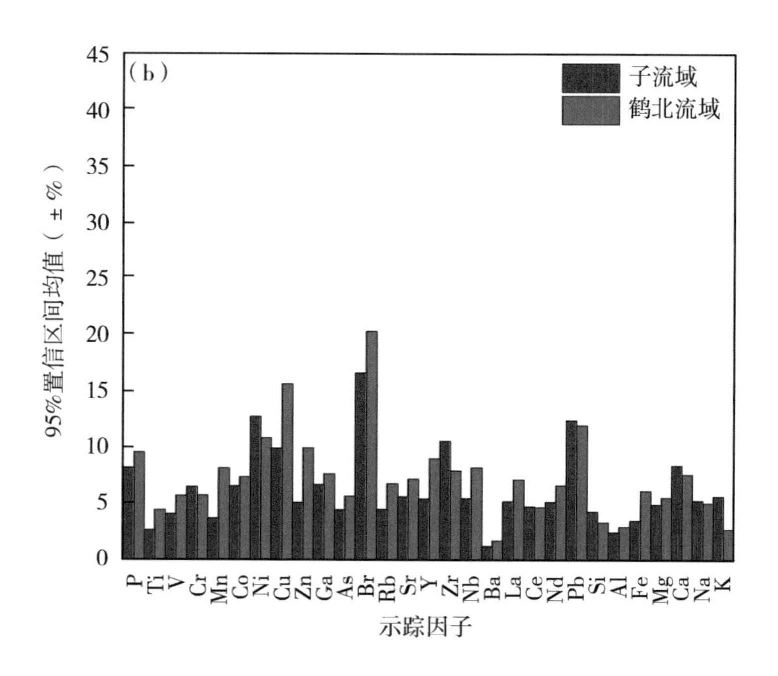

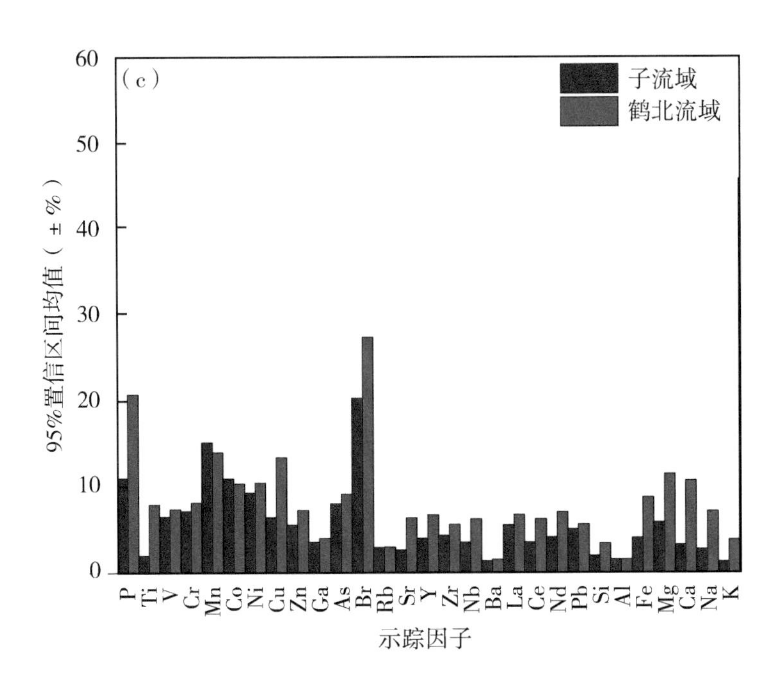

图 7-3　鹤北流域及其子流域耕地（a）、非耕地（b）和侵蚀沟（c）示踪因子的 95%置信区间均值比较

流域空间尺度是影响采样点布设的重要考虑因素。指纹浓度的空间差异性较大的研究区应布设更多的采样点以提高样本代表性，进而获得更为可靠的源区泥沙贡献比例。以本研究为例，在 95%水平上分别估算了满足±5%和±10%置信区间的样本需求量（表 7-2）。子流域分别需要布设 28 个和 113 个采样点才能满足 95%水平上±5%和±10%置信区间（CI），而鹤北流域需要 47 个和 186 个采样点。已有研究中，指纹示踪技术应用于>50 km^2（Nosrati et al.,2018）、>100 km^2（Collins et al., 2013）、>2 000 km^2（Tiechera et al., 2017）和 >3 000 km^2（Garzon-Garcia et al., 2017）等更大尺度流域的泥沙来源研究。尽管采用多种随机和系统抽样方法以提高采样点的代表性，但由于泥沙源区的空间尺度和复杂性，确定采样点以及如何利用有限的样本有效地代表泥沙源区的特征，是亟待解决的问题。

表 7-2　鹤北流域及其子流域 95%水平上满足±5%和±10%置信区间（CI）的样本需求量

研究流域	耕地		非耕地		侵蚀沟		合计	
	CI=±10%	CI=±5%	CI=±10%	CI=±5%	CI=±10%	CI=±5%	CI=±10%	CI=±5%
子流域	8	31	8	33	12	49	28	113
鹤北流域	15	59	11	43	21	84	47	186

7.3.2　指纹特征的空间变异性

非保存性指纹因子通常通过范围检验筛选（Zhang et al.,2016）。鹤北流域及其子流域分别 21 种和 18 种示踪因子具有非保存性，未能通过范围检验。说明侵蚀泥沙所携带的指纹受输移与沉积过程和周边环境变化的影响，其浓度和存在形式发生变化，极其不稳定。子流域的空间尺度较小，泥沙源区的空间分布相对简单，影响指纹的因素少，共 11 种示踪因子（P、Cr、Co、Zn、Ga、As、Br、Sr、Ba、Ce、Nd）通过了范围检验。相比之下，鹤北流域的空间尺度较大，泥沙源区的空间分布相对复杂，影响指纹浓度及其存在形态的因素多，仅 9 种示踪因子（P、Co、Cr、Ga、As、Br、Ba、Ce、Nd）通过了范围检验。

为判断指纹对泥沙源区的判别能力，进一步对通过范围检验的示踪因子进行非参数差异检验（表 7-3）。结果表明，鹤北流域及其子流域中分别 7 种示踪因子（P、Cr、Ga、As、Br、Ba、Ce）通过 Kruskal-Wallis H-检验，在耕地、非耕地和侵蚀沟之间差异显著（$P<0.01$）。被判断为差异不显著的示踪因子（即子流域的 Co、Zn、Sr、Nd 和鹤北流域的 Co、Nd）不能进行下一步筛选过程。另外，通过 H-检验的鹤北流域及其子流域中各泥沙源区示踪因子差异显著（表 7-4）。各泥沙源区的 Ce 在两种空间尺度间均显示差异显著（$P<0.01$），而示踪因子 P 仅在两种空间尺度间的耕地中差异显著。这种示踪因子在两种空间尺度间差异会影响后续的分析以及最优符合指纹的筛选。

表 7-3　鹤北流域及其子流域示踪因子的 Kruskal-Wallis H-检验

子流域			鹤北流域		
指纹	*H* 值	*P* 值	指纹	*H* 值	*P* 值
P	32.0	<0.001	P	44.2	<0.001
Cr	43.8	<0.001	Co	45.8	0.041*
Co	0.8	0.666*	Cr	6.3	<0.001
Zn	6.7	0.034*	Ga	59.5	<0.001
Ga	57.6	<0.001	As	53.5	<0.001
As	51.7	<0.001	Br	46.5	<0.001
Br	13.8	0.001	Ba	56.3	<0.001
Sr	2.0	0.353*	Ce	9.5	0.008

（续表）

子流域			鹤北流域		
指纹	*H* 值	*P* 值	指纹	*H* 值	*P* 值
Ba	54.7	<0.001	Nd	4.3	0.112*
Ce	54.8	<0.001			
Nd	5.0	0.082*			

注：* 表示 $P<0.01$ 水平上差异不显著。

表 7-4　两个空间尺度通过 Kruskal-Wallis H-检验示踪因子的差异分析

指纹	耕地		非耕地		侵蚀沟	
	H 值	*P* 值	*H* 值	*P* 值	*H* 值	*P* 值
P	9.356	0.002*	3.054	0.081	2.604	0.107
Cr	0.000	0.985	0.252	0.616	0.013	0.910
Ga	0.000	0.993	0.023	0.879	0.047	0.828
As	0.061	0.804	0.808	0.369	0.029	0.865
Br	0.388	0.533	2.265	0.132	3.089	0.079
Ba	0.076	0.783	0.649	0.420	0.011	0.917
Ce	9.696	0.002*	27.003	0.000*	24.360	0.000*

注：* 表示 $P<0.01$ 水平上差异显著。

对通过 *H* 检验的 7 种示踪因子进一步进行 DFA 检验（表 7-5），发现 Ba、Ga、Ce、Br 和 P 是判别泥沙源区最有效的示踪剂。根据判别式的泥沙源区样本散点图（图 7-4），发现在以两个判别函数为基础的二维空间上可判别 98.6%的分类。与鹤北流域相比，尽管子流域仅有 Ba、Ga、Br 和 As 筛选为最优复合指纹，但同样有效地判别各泥沙源区的土壤样本（图 7-4a）。耕地和侵蚀沟组中心间距离较近，导致耕地的一个土壤样本被误判为侵蚀沟，这也是最优复合指纹不能 100%判别源区土壤样本的主要原因。

表 7-5　判别鹤北流域及其子流泥沙源区的最优复合指纹

研究流域	步骤	指纹	Wilks' Lambda	泥沙源区累计判别率（%）	各因子泥沙源区判别率（%）	*P* 值
子流域	1	Ba	0.037	90.1	90.1	<0.01
	2	Ga	0.011	97.2	90.1	<0.01

（续表）

研究流域	步骤	指纹	Wilks' Lambda	泥沙源区累计判别率（%）	各因子泥沙源区判别率（%）	*P* 值
子流域	3	Br	0.009	97.2	64.8	<0.01
	4	As	0.008	98.6	81.7	<0.01
鹤北流域	1	Ba	0.048	91.3	91.3	<0.01
	2	Ga	0.014	97.1	89.9	<0.01
	3	Ce	0.008	98.6	84.1	<0.01
	4	Br	0.005	98.6	53.6	<0.01
	5	P	0.005	98.6	63.8	<0.01

通过最优复合指纹浓度箱式图（图 7-5），发现各泥沙源区间 Ba、Ga、Ce 和 As 浓度差异明显，而 Br 和 P 的箱式图有部分重合，各泥沙源区间的差异交差。鹤北流域及其子流域的指纹变异性在各泥沙源区间表现出不同程度的差异，但存在重叠现象。Ba 浓度的最大值和 Ga 浓度的最小值出现在非耕地，而耕地和非耕地的 Br 浓度非常接近。耕地的 As 和 P 浓度最高，而非耕地的 Ce 浓度最高。本研究通过对指纹的 bi-plot 分析进一步证明了所选最优符合指纹的保存性，发现复合指纹均在各泥沙源区指纹浓度的范围以内（图 7-6，图 7-7）。

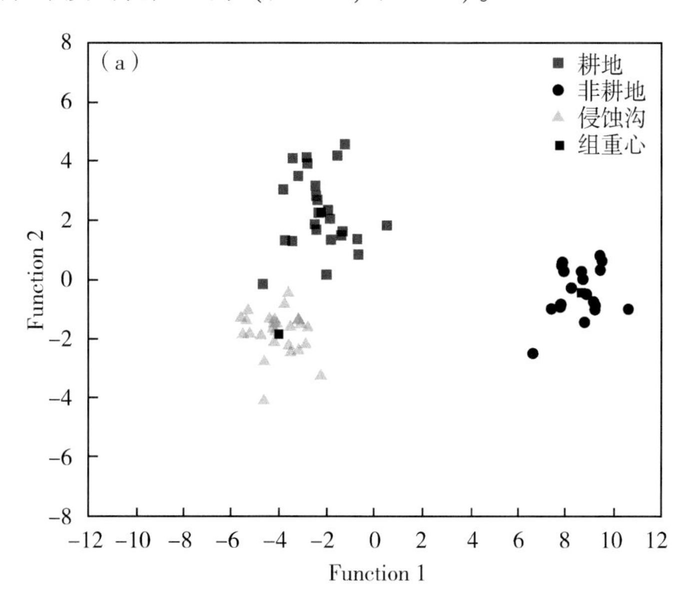

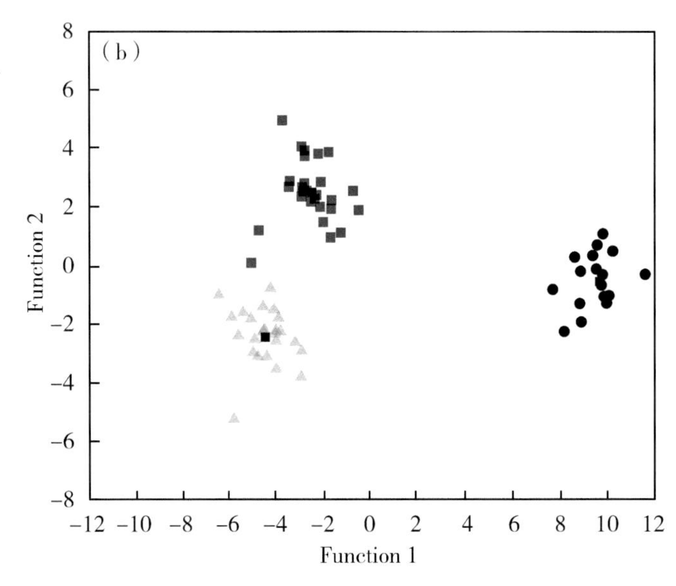

图 7-4　子流域（a）和鹤北流域（b）基于判别式的泥沙源区样本散点图

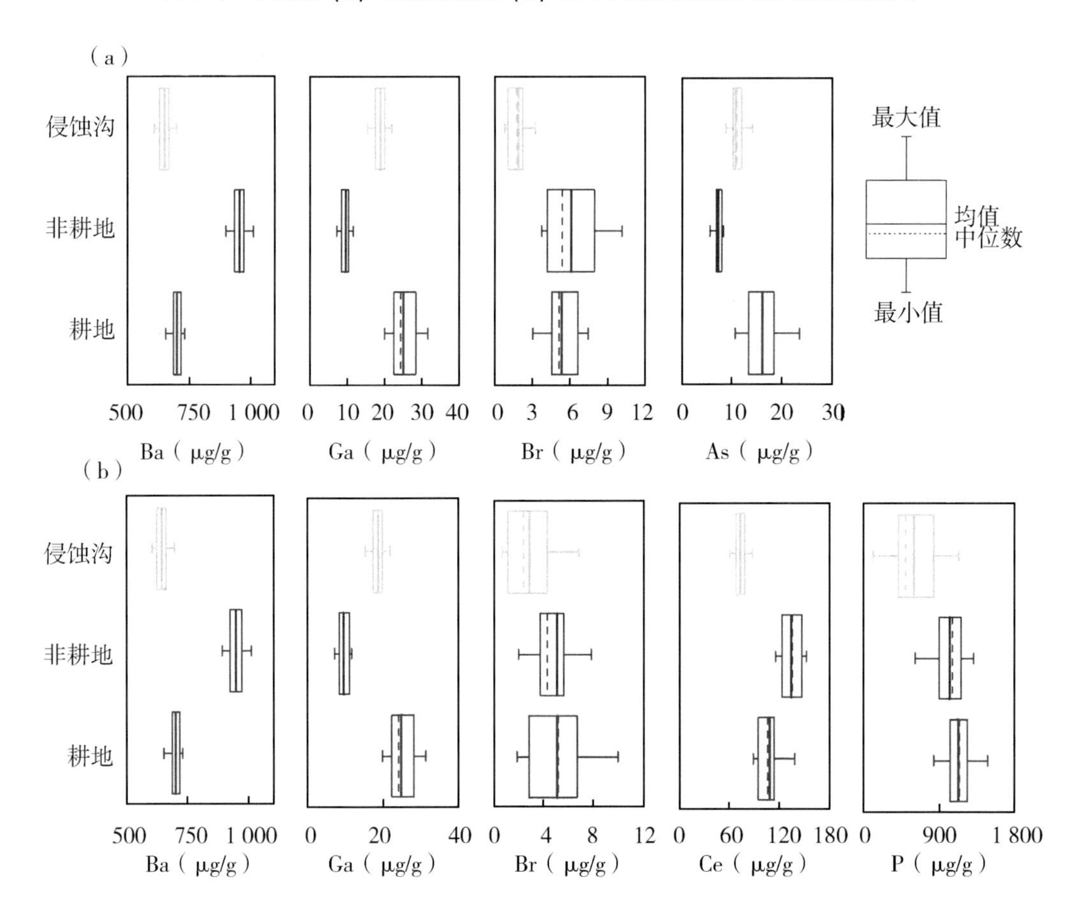

图 7-5　子流域（a）和鹤北流域（b）各泥沙源区最优复合指纹浓度箱式图

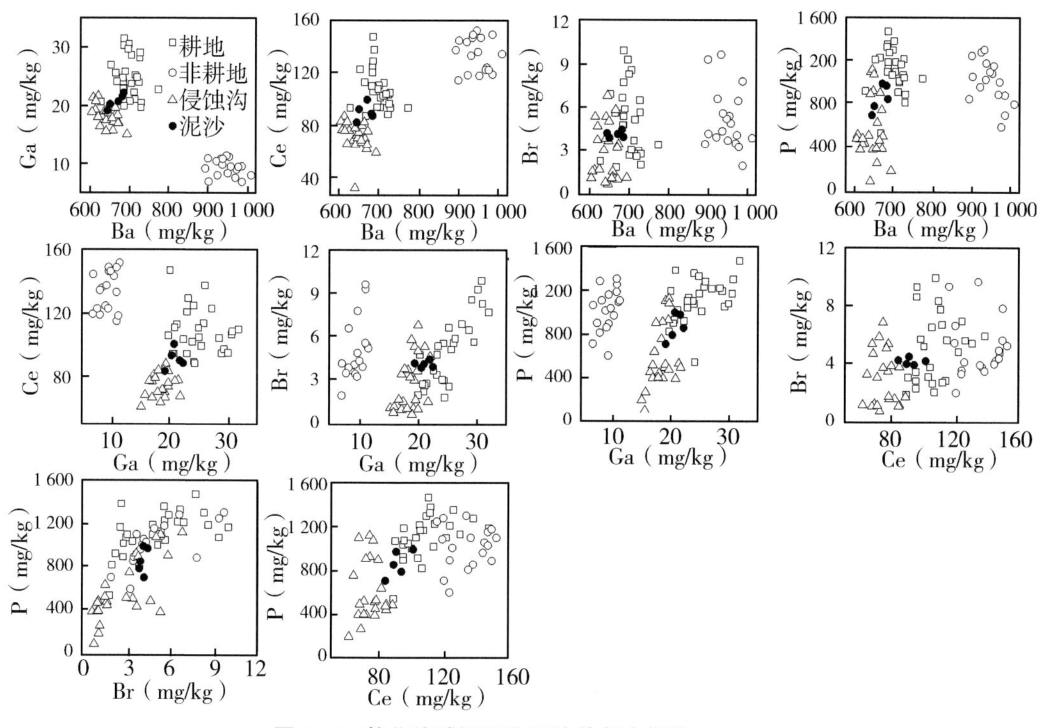

图 7-6　鹤北流域源区和泥沙的复合指纹 bi-plot

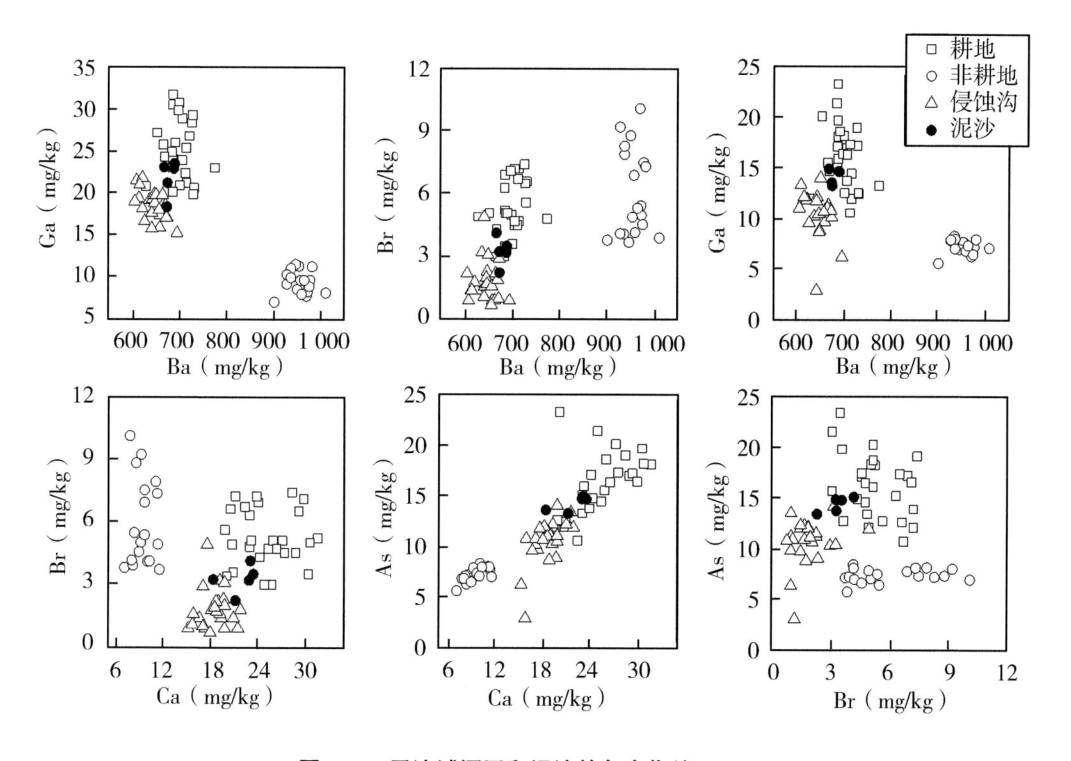

图 7-7　子流域源区和泥沙的复合指纹 bi-plot

7.3.3 泥沙贡献量

耕地和侵蚀沟是研究区的主要泥沙源区（图 7-8）。子流域耕地、非耕地和侵蚀沟的泥沙贡献比例分别为 47.8%、2.6%和 49.6%（图 7-8a），而鹤北流域分别为 42.0%、2.7%和 55.3%（图 7-8b）。子流域耕地的泥沙贡献比显著（$P<0.01$）高于鹤北流域，而侵蚀沟的泥沙贡献比例显著（$P<0.01$）低于鹤北流域。两个空间尺度流域各源区的泥沙贡献比例差异可能由不同的土地利用结构引起。子流域绝大部分面积由耕地覆盖，而鹤北流域林地和草地面积大于子流域，可更有效地控制流域内坡耕地的土壤侵蚀。这也可能是导致鹤北流域及其子流域间指纹浓度差异显著（如 P 和 Ce）的主要原因（表 7-4）。鹤北流域的耕地 P 浓度（1 124.2 mg/kg±37.7 mg/kg）显著高于子流域（998.1 mg/kg±19.9 mg/kg）。Ce 浓度耕地（108.4 mg/kg±2.8 mg/kg）和非耕地（134.3 mg/kg±3.0 mg/kg）均显著高于子流域（耕地 = 94.7 mg/kg ± 2.2 mg/kg、非耕地 = 95.1 mg/kg ± 2.1 mg/kg）。而鹤北流域沟侵蚀沟 Ce 含量（72.8 mg/kg±2.2 mg/kg）显著低于子流域（87.7 mg/kg±1.5 mg/kg）。与我国西南相比（Zhang et al.,2004），东北黑土区更多的侵蚀泥沙来源于耕地，而黄土高原区的侵蚀泥沙主要来源于侵蚀沟（Chen et al.,2016）。

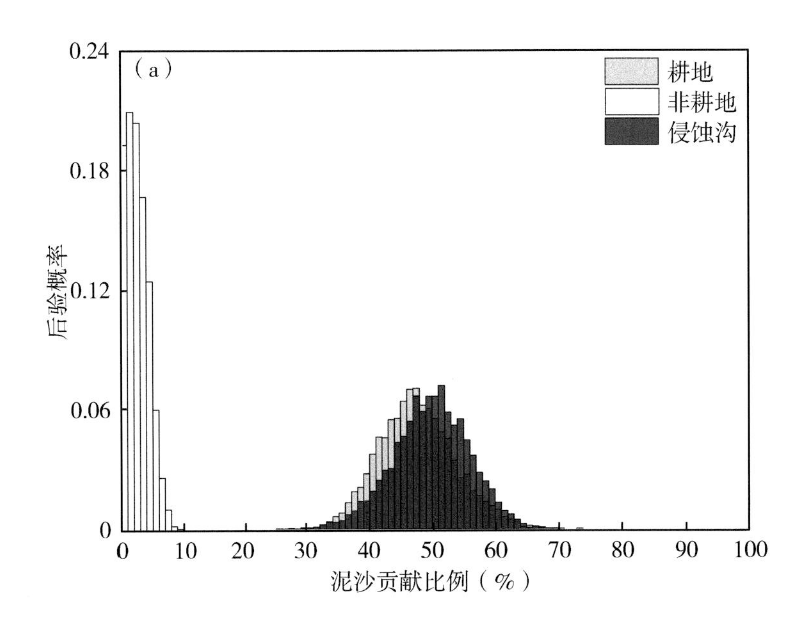

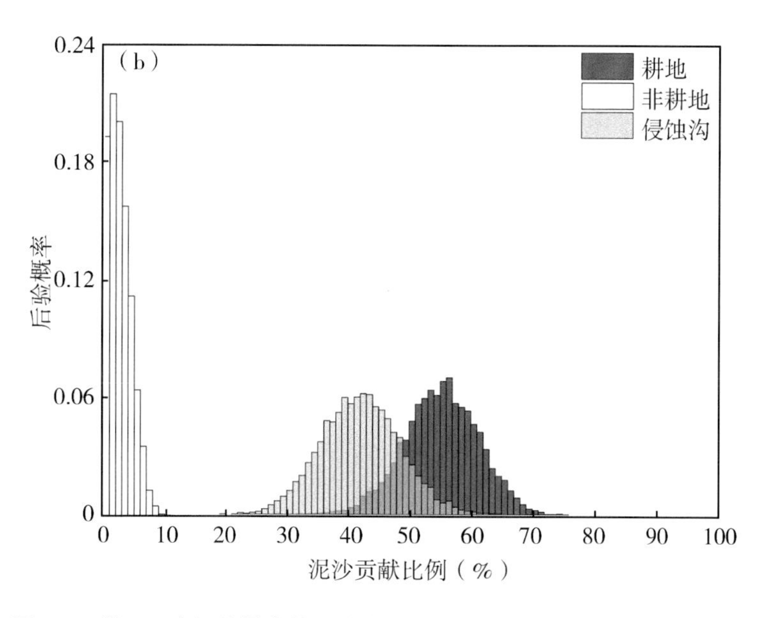

图 7-8　基于 5 个泥沙样本的子流域（a）和鹤北流域（b）泥沙贡献比例

大面积开垦前，研究区为灌木林地。20 世纪 50 年代以来，为满足日益增长的人口需求，大面积原始森林和草地遭到破坏，耕地面积迅速增加（范昊明等，2004）。这种从原生植被到耕地的土地利用变化会显著增加土壤侵蚀速率（Montgomery，2007）。东北黑土区土壤厚度由 20 世纪 50 年代的平均 60~70 cm 下降到现在的平均 20~30 cm，部分地区的土壤母质外露，失去了生产能力（范昊明等，2004）。该区的土壤侵蚀速率约为 1 450 t/（km^2·a），已远远超过容许土壤流失量（Fang et al.,2012）。

侵蚀沟约占研究区总面积的 1%，但贡献一半以上的侵蚀泥沙，超过了耕地的泥沙贡献比例，直观反映了我国东北黑土区侵蚀沟的严重程度。从 2004 年对切沟监测数据的分析看，沟头后退 10 余米，切沟面积扩展 170~400 m^2，切沟净侵蚀量为 220~320 m^3，切沟侵蚀模数达到了 2 200~4 800 t/（km^2·a），仅切沟造成的侵蚀就达到中度到强度级别（胡刚等，2007）。此外，泥沙采样点为沟底靠近沟壁，侵蚀泥沙只需搬运较短的距离即可到达沟底。研究区置于漫川漫岗区，以坡长且短为地貌特征，泥沙输移比较低（Dong et al.,2013），导致大部分坡耕地的侵蚀泥沙难以顺利到达沟底。沉积泥沙采集于 5 月，会有较多的春季解冻期融雪侵蚀泥沙沉积于此。在春季解冻期间研究区遭受严重的融雪侵蚀（焦剑等，2009）。

此外，不同采样点的泥沙来源信息同样反映了研究区严重的沟蚀（图 7-9）。采样点 site1 和 site2 离沟头较近，两个采样点> 60%的泥沙来源于侵蚀沟（表 7-6）。研究区的沟头溯源侵蚀非常活跃。根据该研究区的多年监测，发现沟头年均沟头溯源侵蚀速率为6.2 m/a，对应的体积速率为729.1 m^3/a 的（胡刚等，2007）。流域上游的沟底沉积泥沙主要来源于侵蚀沟。从 site1 至 site5 耕地的泥沙贡献比例呈现逐渐增大的趋势，因为侵蚀沟侵蚀泥沙的粒径显著大于耕地，来源于耕地的泥沙可搬运至更远（图 7-10）。

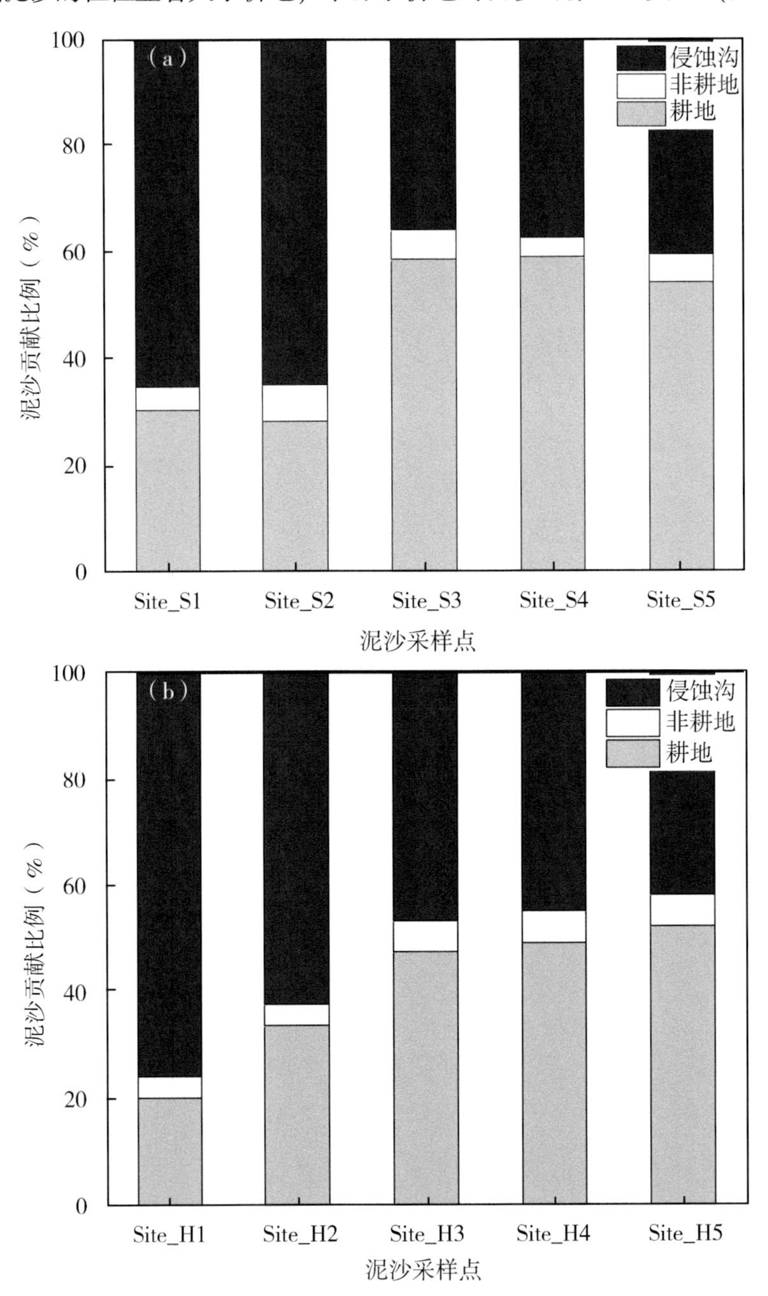

图 7-9　子流域（a）和鹤北流域（b）个采样点泥沙来源

注：H 表示鹤北流域；S 表示子流域。

表 7-6　3 种源区对各采样点泥沙贡献比例的 MAF、标准差、标准误差和 95%置信上下限

研究区	采样点	泥沙源区	*MAF*	平均值(%)	标准差	*SE*	95% LL	95% UL
子流域	Site 1	耕地	0.94	29.7	14.4	0.1	29.6	29.9
		非耕地		5.4	3.8	0.0	5.3	5.4
		侵蚀沟		64.9	14.1	0.1	64.8	65.1
	Site 2	耕地	0.97	28.4	15.1	0.1	28.2	28.5
		非耕地		6.9	4.1	0.0	6.9	6.9
		侵蚀沟		64.7	14.4	0.1	64.6	64.9
	Site 3	耕地	0.95	54.1	17.7	0.1	54.0	54.3
		非耕地		5.8	3.9	0.0	5.7	5.8
		侵蚀沟		40.1	17.5	0.1	39.9	40.3
	Site 4	耕地	0.94	43.5	20.9	0.1	43.3	43.7
		非耕地		5.0	3.7	0.0	4.9	5.0
		侵蚀沟		51.5	19.9	0.1	51.3	51.7
	Site 5	耕地	0.98	49.8	17.5	0.1	49.6	50.0
		非耕地		5.6	3.8	0.0	5.6	5.7
		侵蚀沟		44.6	17.2	0.1	44.4	44.8
鹤北流域	Site 1	耕地	0.96	20.2	11.7	0.1	20.0	20.3
		非耕地		4.1	3.2	0.0	4.1	4.2
		侵蚀沟		75.7	11.2	0.1	75.6	75.9
	Site 2	耕地	0.92	33.8	14.2	0.1	33.6	34.0
		非耕地		4.0	3.1	0.0	4.0	4.0
		侵蚀沟		62.2	13.7	0.1	62.0	62.4
	Site 3	耕地	0.95	47.6	13.2	0.1	47.5	47.8
		非耕地		5.9	3.8	0.0	5.8	5.9
		侵蚀沟		46.5	12.9	0.1	46.4	46.7
	Site 4	耕地	0.95	49.3	14.4	0.1	49.2	49.5
		非耕地		6.0	3.9	0.0	5.9	6.0
		侵蚀沟		44.7	14.0	0.1	44.6	44.9
	Site 5	耕地	0.97	52.4	15.4	0.1	52.3	52.6
		非耕地		5.8	3.9	0.0	5.8	5.8
		侵蚀沟		41.8	14.9	0.1	41.6	41.9

注：*SE* 表示标准误，LL 表示置信下限，UL 表示置信上限。

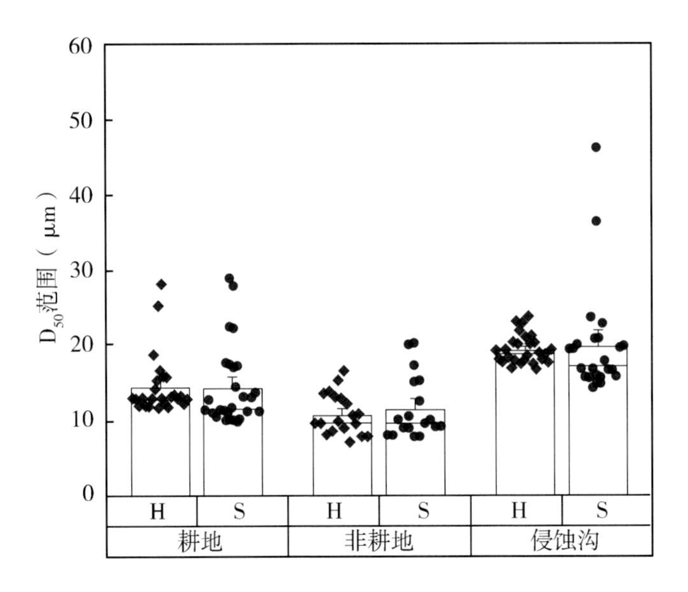

图 7-10　子流域和鹤北流域各泥沙源区土壤 D_{50}

注：H 表示鹤北流域；S 表示子流域。

7.4　本章小结

本研究利用鹤北流域及其子流域沟底的沉积泥沙定量了耕地、非耕地和侵蚀沟的泥沙贡献比例。研究结果发现，耕地和侵蚀沟的示踪因子的空间差异性较非耕地更为敏感。尽管两种空间尺度流域通过 H 检验的在示踪因子数量相同，但最优复合指纹的筛选结果有所差异。耕地（子流域=47.8%、鹤北流域=42.0%）和侵蚀沟（子流域=49.6%、鹤北流域=55.3%）是研究区的主要泥沙源区。尽管两种空间尺度流域的泥沙贡献模式相似，但不同土地利用条件下，耕地和侵蚀沟的泥沙贡献比例差异显著（$P<0.01$）。出乎预料的是，与耕地相比，侵蚀沟贡献更多的泥沙。研究结果既反映了严重的坡耕地土壤侵蚀，也揭示了研究区沟蚀的严重程度。沟蚀对黑土资源造成了严重的破坏，亟须对其综合系统治理。

第8章　东北黑土区融雪侵蚀泥沙来源研究

东北黑土区地处我国高纬度地区，长期被积雪覆盖，降雨侵蚀和融雪侵蚀交替出现，使侵蚀在时间上更替，空间上叠加（郑粉莉等，2019）。融雪侵蚀与降雨侵蚀相比，一个显著差异是受融雪期冻融作用影响。冻融作用通过影响土壤结构、土壤颗粒的黏聚力、水热分布及其表面粗糙度等物理特性，进而降低土壤抗蚀性，极易发生融雪侵蚀（Ferrick et al.,2005；冯君园等，2015）。另外，由于土壤表层解冻后，下层形成不透水层，土壤入渗降低，地表径流量增加，从而加重水土流失（Øygarden，2003）。降雨侵蚀较融雪侵蚀多雨滴击溅过程，是土壤侵蚀的初始过程。雨滴动能作用于地表土壤，导致土壤结构破坏，使表层土壤孔隙减少或者堵塞，土壤团粒被分散、剥离，击溅侵蚀产生的溅蚀物质为其后发生的侵蚀过程提供物质基础（秦越等，2014）。

侵蚀方式的差异必然会导致土壤流失过程的不同（He et al.,2020）。降雨过程由于有溅蚀过程，坡面均匀的面状侵蚀及细沟状面蚀可以在坡面上部大量出现，而后由于地面起伏，在径流集中处出现沟蚀。而融雪侵蚀因为没有溅蚀过程，产流过程相对和缓，虽然冻融作用对土壤抗蚀性降低了，但均匀的面状侵蚀相对较少，细沟状侵蚀出现的位置相对于降雨侵蚀较低，集中的融雪股流侵蚀作用更显著。由于侵蚀过程复杂以及监测和试验模拟的困难等原因，大多数研究聚焦降雨侵蚀外营力作用下的土壤侵蚀特征和过程，融雪侵蚀研究相对落后，缺乏不同季节土壤侵蚀过程与主控影响因子研究。指纹示踪技术以其迅速诊断泥沙来源的能力，忽略复杂的侵蚀产沙过程，可量化不同侵蚀单元的泥沙贡献情况（Collins et al.,2017；Walling et al.,2008），是进一步揭示土壤侵蚀机理的有效工具，而针对融雪侵蚀的泥沙来源研究仅有零星报道（Gonzales-Inca et al.,2018）。另外，道路侵蚀在流域内普遍存在，且侵蚀效应显著。尤其是在乡村和偏远地区，占比很大的土质低等级道路所引起的土壤侵蚀问题也不容小觑。由于在流域内所占面积比例较小，大部分泥沙来源研究忽略了农田道路对侵蚀泥沙的贡献。因此，本章研究目的是在两种泥沙源区分类（Scheme1：耕地、林地、侵蚀沟；Scheme2：Scheme1+农田道路）的基础上，探讨源区分类对最优复合指纹筛选过程和结果的影响，并分别计算各源区对融雪侵蚀泥沙的贡献。

8.1 泥沙样品采集

在鹤北流域的子流域（8 号子流域）共采集源区土壤样本 71 个（其中，耕地 = 28、林地 = 21、侵蚀沟 = 17），并春季解冻期融雪侵蚀结束后（2017 年 4 月 7 日）在沟道采集泥沙沉积样品共 6 个（图 8-1）。

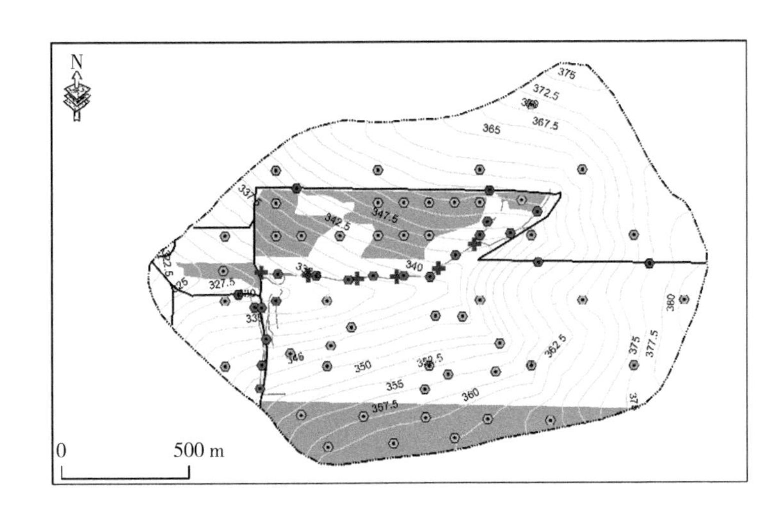

图 8-1　8 号流域流域采样点布设

8.2 泥沙来源定量模型

应用 Bayesian 模型定量鹤北流域和子流域耕地，林地和侵蚀沟的泥沙贡献比例。

8.3　结果与讨论

8.3.1　复合指纹筛选

目前，大部分东北黑土区泥沙来源研究中以耕地、非耕地和侵蚀沟为主要泥沙源区，忽略了农田道路的泥沙贡献（Fang，2015；Huang et al.,2019；Huang et al.,2019）。为了解农田道路对侵蚀泥沙的贡献作用，在两种泥沙源区分类条件下（Scheme1：耕地、林地、侵蚀沟；Scheme2：Scheme1+农田道路），分别筛选出了最优复合指纹。

在两种泥沙源区分类条件下，均 16 种示踪因子（Cr、Mn、Co、Ni、Cu、Br、Sr、Zr、Ba、Ce、Pb、SiO_2、Fe_2O_3、CaO、Na_2O、K_2O）通过范围检验，并判断为保存性因子。剩余的 13 种示踪因子被认为在泥沙搬运和沉积过程中不稳定，不能有效示踪侵蚀泥沙。对通过范围检验的 16 种示踪因子进一步进行 Kruskal-Wallis H-检验，判断各示踪因子对泥沙源区的判别能力（表 8-1）。Scheme1 中 6 种示踪因子（Cu、Br、Ba、Fe_2O_3、CaO、K_2O）具有判别 3 种泥沙源区的能力。其中，Cu（$P<0.05$）、Br（$P<0.05$）、Fe_2O_3（$P<0.05$）、CaO（$P<0.01$）和 K_2O（$P<0.05$）可以有效地判别林地和侵蚀沟，而 Br（$P<0.001$）、Ba（$P<0.05$）、CaO（$P<0.01$）和 K_2O（$P<0.001$）可以显著判别耕地和侵蚀沟，但没有可判别耕地和林地的示踪因子（图 8-2）。相比于 Scheme1，在 Scheme2 的泥沙源区分类条件下，共有 12 种示踪因子（Cr、Co、Mn、Cu、Br、Ba、Ce、Pb、SiO_2、Fe_2O_3、CaO 和 K_2O）通过了 Kruskal-Wallis H-检验，可辨别 4 种泥沙源区。Cr（$P<0.001$）、Co（$P<0.05$）、Mn（$P<0.05$）、Cu（$P<0.05$）、Ce（$P<0.001$）、Pb（$P<0.05$）、SiO_2（$P<0.001$）、Fe_2O_3（$P<0.01$）、CaO（$P<0.05$）和 K_2O（$P<0.001$）在侵蚀沟和农田道路间差异显著，而 Cr（$P<0.001$）、Mn（$P<0.05$）、Ce（$P<0.001$）、Pb（$P<0.01$）、SiO_2（$P<0.001$）、CaO（$P<0.001$）和 K_2O（$P<0.001$）在林地和农田道路间差异显著（图 8-3）。Cr（$P<0.001$）、Co（$P<0.05$）、Mn（$P<0.01$）、Br（$P<0.01$）、Ce（$P<0.01$）、Pb（$P<0.01$）、SiO_2（$P<0.001$）、Fe_2O_3（$P<0.05$）、CaO（$P<0.001$）和 K_2O（$P<$

0.001）可以有效地判别耕地和农田道路。具有判别林地和侵蚀沟的示踪因子较少，包括 Cu（P<0.05）、Br（P<0.05）、Fe_2O_3（P<0.05）、CaO（P<0.05）和 K_2O（P<0.05）。Br（P<0.001）、Ba（P<0.05）、CaO（P<0.01）和 K_2O（P<0.001）是判别耕地和侵蚀沟的有效示踪因子。与 Scheme1 类似，Scheme2 同样没有能够判别耕地和林地的示踪因子（图 8-3）。

表 8-1　Kruskal-Wallis 假设检验

指纹	Scheme 1		Scheme 2	
	H 值	P 值	H 值	P 值
Cr#	4.51	0.105	16.8	0.001
Mn#	1.68	0.431	10.9	0.012
Co#	0.39	0.824	10.6	0.014
Ni	0.14	0.932	7.7	0.054
Cu*#	6.80	0.033	10.1	0.018
Br*#	23.56	0.000	28.9	0.000
Sr	0.85	0.655	5.7	0.125
Zr	1.14	0.565	4.4	0.217
Ba*#	6.83	0.033	10.1	0.018
Ce#	1.53	0.466	14.9	0.002
Pb#	0.43	0.807	11.6	0.009
SiO_2#	1.45	0.485	12.5	0.006
Fe_2O_3*#	8.84	0.012	17.8	0.000
CaO*#	6.88	0.032	17.1	0.001
Na_2O	2.98	0.226	7.2	0.067
K_2O*#	11.56	0.003	21.9	0.000

注：*表示 Scheme1 中在 P<0.05 水平上差异显著；#表示 Scheme2 中在 P<0.05 水平上差异显著。

最后，对通过 Kruskal-Wallis 检验的示踪因子进行 DFA 分析，Br、Cu、K_2O、Fe_2O_3和 CaO 是判别 Scheme1 泥沙源区的最佳复合指纹，其累计判别率可达 73.7%；而在 Scheme2 种 Cr、Ba、K_2O、Fe_2O_3和 CaO 筛选为最优复合指纹，其累

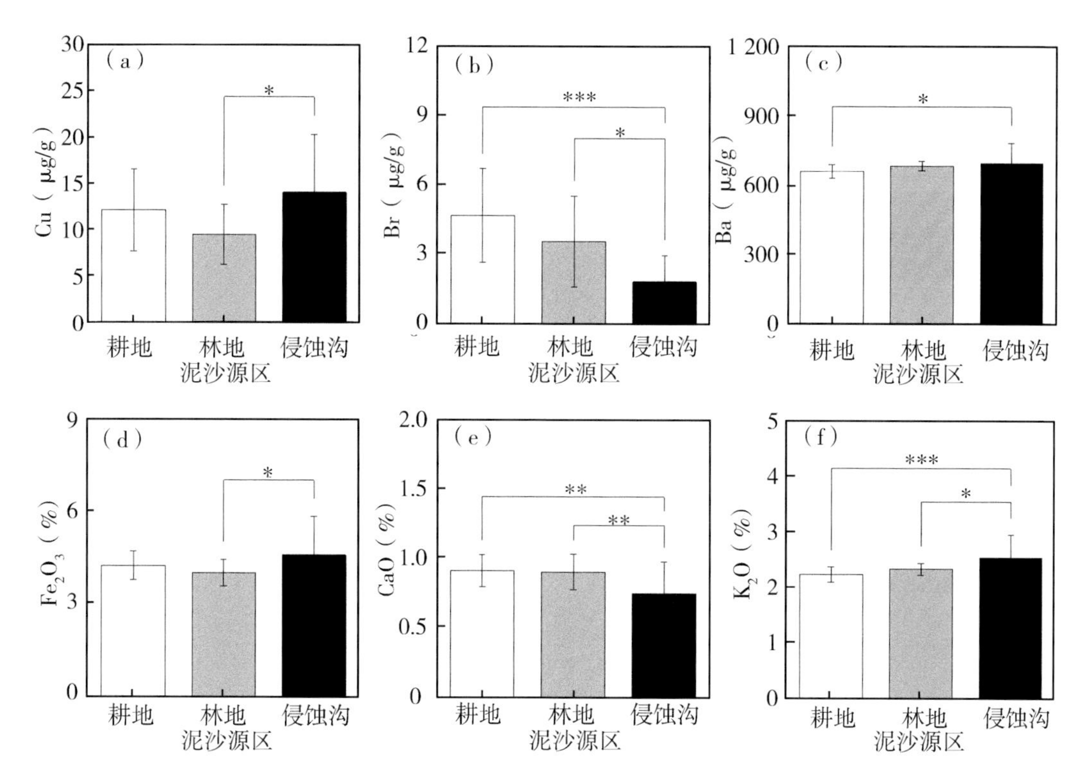

图 8-2　Scheme1 泥沙源区分类条件下通过 Kruskal-Wallis H-假设检验因子的多重比较

注：*、** 和 *** 分别表示在 $P<0.05$、$P<0.01$ 和 $P<0.001$ 水平上差异显著。

计判别率可达 76.1%（表 8-2）。基于判别式的泥沙源区样本散点图（图 8-4），多个采集于耕地和林地的样本相互重叠，而侵蚀沟和农田道路的样本判别较为清楚。Scheme1 条件下，28 个耕地土壤样本中分别 11 个（57.1%）和 1 个（3.6%）样本被误判为林地和侵蚀沟，且 21 个林地土壤样本中 5 个（23.8%）样本被误判为耕地（表 8-3）。对 Scheme2 而言，28 个耕地土壤样本中分别 6 个（21.4%）和 1 个（3.6%）样本被误判为林地和侵蚀沟，且 21 个林地样本中 6 个（28.6%）被误判为耕地。17 个侵蚀沟样本中分别 1 个（5.9%）和 2 个（11.8%）样本被误判为林地和农田道路，且 5 个农田道路样本中 1 个（20.0%）样本被误判为耕地（表 8-4）。Scheme1 和 Scheme2 有 3 个共同指纹，即 K_2O、Fe_2O_3和 CaO，也是最优复合指纹中对泥沙源区的判别能力最高的示踪因子（表 8-2）。通过对最优复合指纹的 bi-plot 分析，进一步证明了所选最优符合指纹的保存性（图 8-5、图 8-6）。

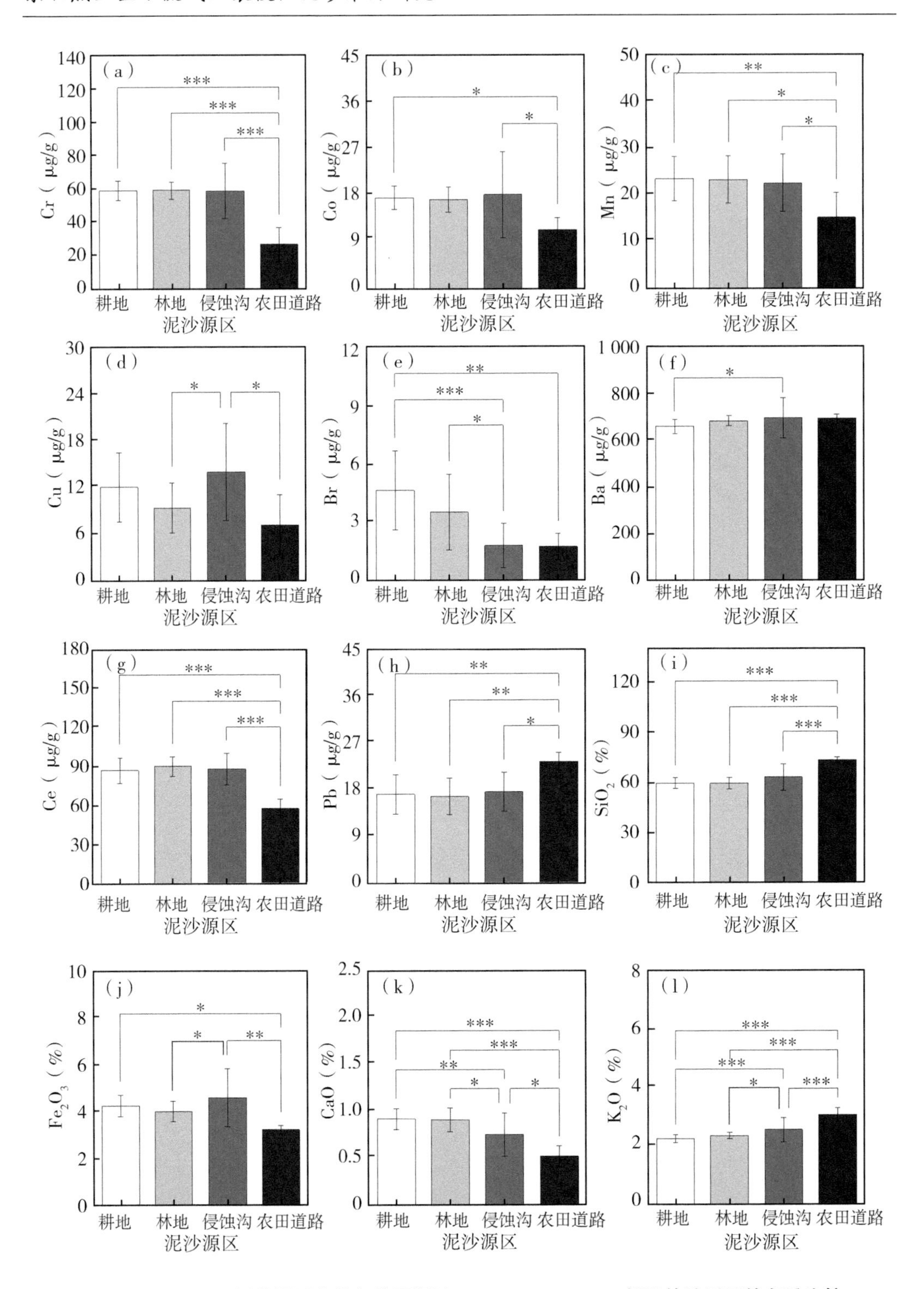

图 8-3 Scheme2 泥沙源区分类条件下通过 Kruskal-Wallis H-假设检验因子的多重比较

注：*、** 和 *** 分别表示在 $P<0.05$、$P<0.01$ 和 $P<0.001$ 水平上差异显著。

表 8-2　Scheme1 和 Scheme2 的最优复合指纹

泥沙源区分类	步骤	指纹	Wilks'Lambda	泥沙源区累计判别率（%）	各因子泥沙源区判别率（%）	*P* 值
Scheme1	1	Br	0. 707	51. 5	51. 5	0. 000
	2	Cu	0. 507	42. 4	63. 6	0. 000
	3	K_2O	0. 378	54. 5	69. 7	0. 000
	4	Fe_2O_3	0. 264	53. 0	72. 7	0. 000
	5	CaO	0. 222	39. 4	73. 7	0. 000
Scheme2	1	K_2O	0. 531	50. 7	50. 7	0. 000
	2	Fe_2O_3	0. 290	50. 7	69. 0	0. 000
	3	CaO	0. 142	36. 6	67. 6	0. 000
	4	Cr	0. 207	19. 7	71. 8	0. 000
	5	Ba	0. 104	36. 6	76. 1	0. 000

注：Scheme1 表示耕地、林地、侵蚀沟；Scheme2 表示 Scheme1+农田道路。下同。

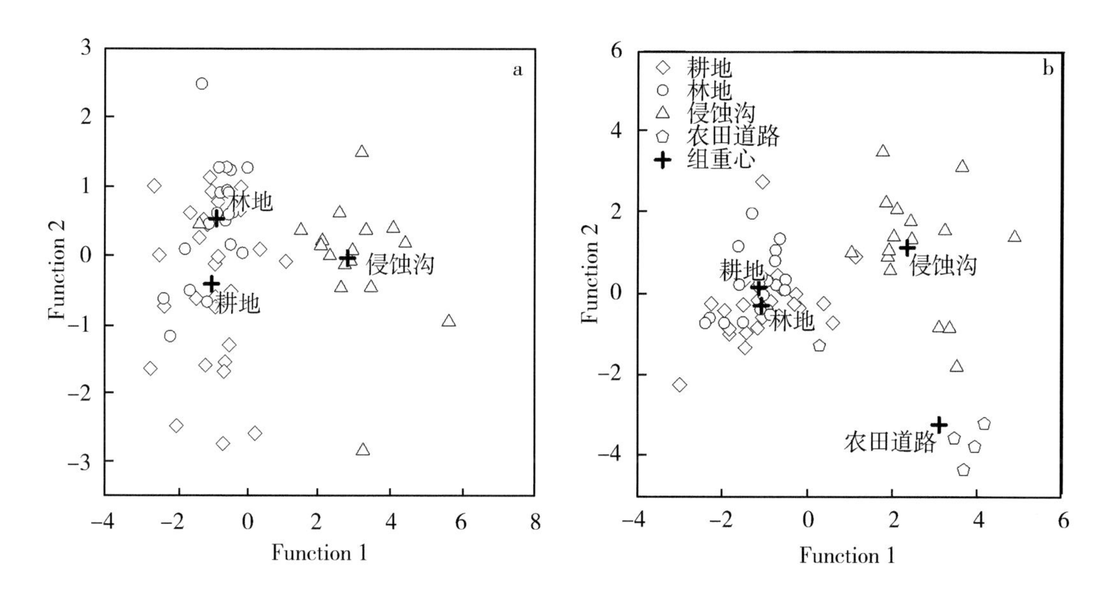

图 8-4　Scheme1（a）和 Scheme2（b）基于判别式的泥沙源区样本散点图

表 8-3　Scheme1 预测及实际样本数量/百分比（%）的混淆矩阵

指标	项目	耕地	林地	侵蚀沟
实际样本数量	耕地	16	11	1
	林地	5	16	0
	侵蚀沟	0	1	16

（续表）

指标	项目	耕地	林地	侵蚀沟
实际样本百分比（%）	耕地	57.1	39.3	3.6
	林地	23.8	76.2	0.0
	侵蚀沟	0.0	5.9	94.1

表 8-4　Scheme2 预测及实际样本数量/百分比（%）的混淆矩阵

指标	项目	耕地	林地	侵蚀沟	农田道路
实际样本数量	耕地	21	6	1	0
	林地	6	15	0	0
	侵蚀沟	0	1	14	2
	农田道路	1	0	0	4
实际样本百分比（%）	耕地	75.0	21.4	3.6	0.0
	林地	28.6	71.4	0.0	0.0
	侵蚀沟	0.0	5.9	82.4	11.8
	农田道路	20.0	0.0	0.0	80.0

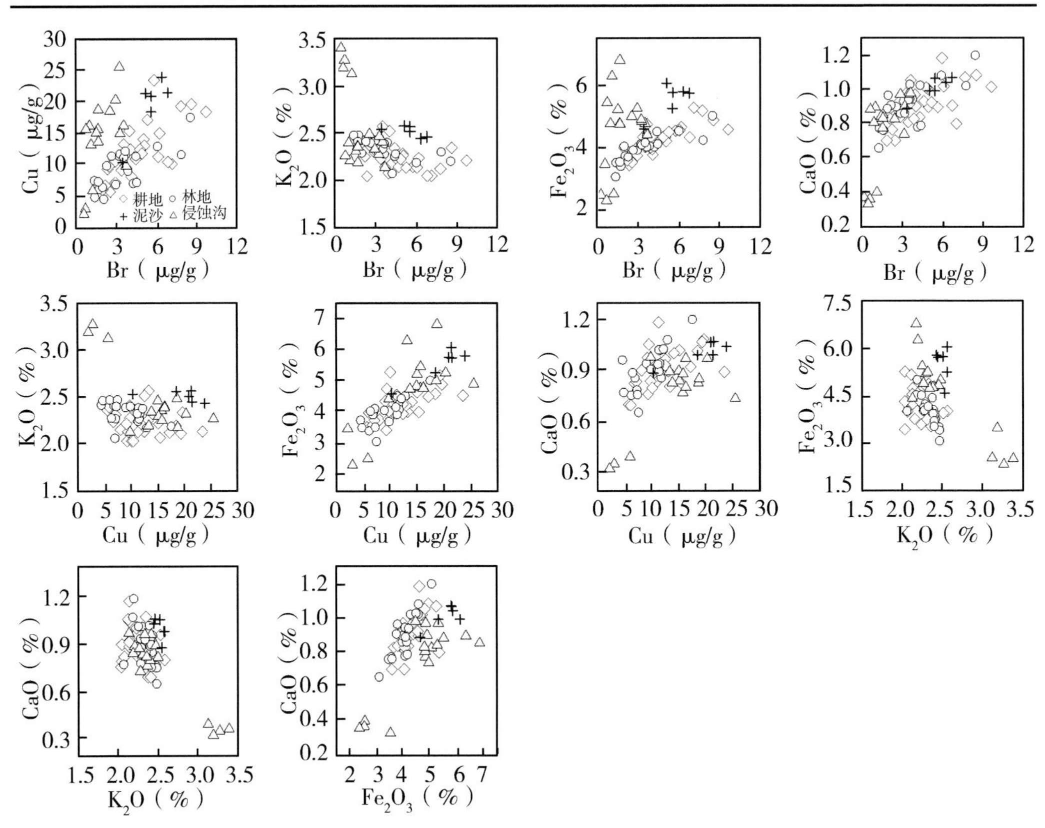

图 8-5　Scheme1 源区和泥沙复合指纹 bi-plot

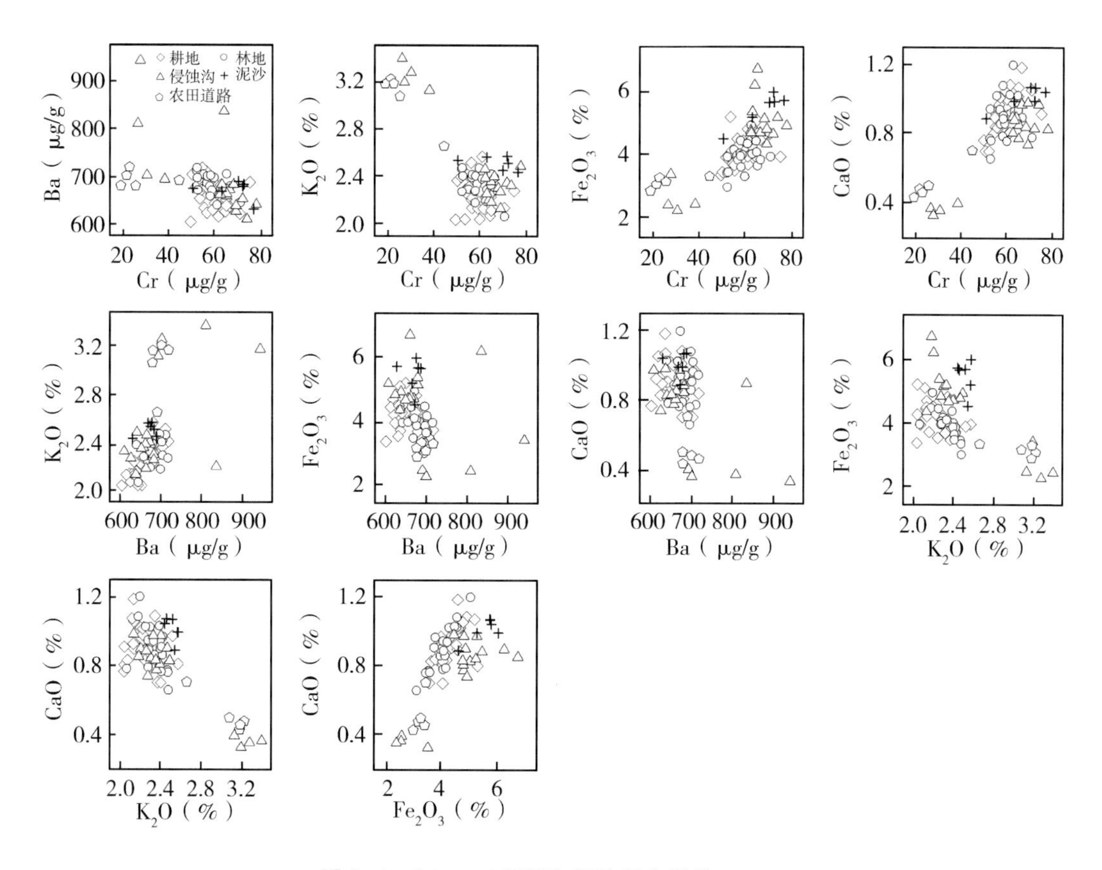

图 8-6　Scheme2 源区和泥沙复合指纹 bi-plot

8.3.2　泥沙贡献量

根据最优复合指纹（Br、Cu、K_2O、Fe_2O_3和 CaO），Scheme1 条件下耕地和侵蚀沟是主要泥沙源区，在融雪侵蚀过程中分别贡献 52.1%和 46.5%的泥沙，而林地仅贡献 1.4%（GOF=0.89、MAF=0.62）（图 8-7、表 8-5）。然而，泥沙源区分类 Scheme2 的条件下，大部分泥沙来源于侵蚀沟（66.1%），接下来是耕地（18.4%）、林地（13.5%）和农田道路（2.0%），GOF 和 MAF 分别为 0.97 和 0.85。Scheme1 和 Scheme2 泥沙源区分类条件下的耕地和侵蚀沟泥沙贡献比例有显著差异（$P<0.05$），不同的源区分类方法对最优复合指纹以及后续的泥沙贡献量计算结果具有明显的影响。为了消除最有复合指纹不同导致的影响，本研究利用共同指纹（K_2O、Fe_2O_3和 CaO）重新估算了 Scheme1（累计判别能力 = 72.7%）和 Scheme2（累计判别能力 = 67.6%）的泥沙来源情况。共同指纹条件下，Scheme1（Scheme2）中 73.1%（69.8%）、13.5%（15.8%）和 13.4%（12.0%）的泥沙分

别来源于侵蚀沟、耕地和林地，仅 2.4%泥沙来源于道路侵蚀（图 8-8，表 8-6）。在东北黑土区也有类似的结论，提出侵蚀沟是主要侵蚀泥沙源区（90%）（Chen et al.,2021）。在共同指纹条件下，模型的计算结果由于最优复合指纹（表 8-5，表 8-6）。已有基于水库沉积泥沙的研究表明，东北黑土区耕地和侵蚀沟的泥沙贡献不相上下（Fang，2015；Huang et al.,2019）。这种泥沙是降雨侵蚀和融雪侵蚀的混合产物。而本研究仅考虑融雪侵蚀，且侵蚀沟贡献了近 70%的泥沙，说明东北黑土区的沟蚀非常严峻。研究区切沟侵蚀模数达到了 2 200~4 800 t/（km^2·a）（胡刚等，2007），甚至春季解冻期的沟头溯源侵蚀速率高于雨季（Wu et al.,2008）。

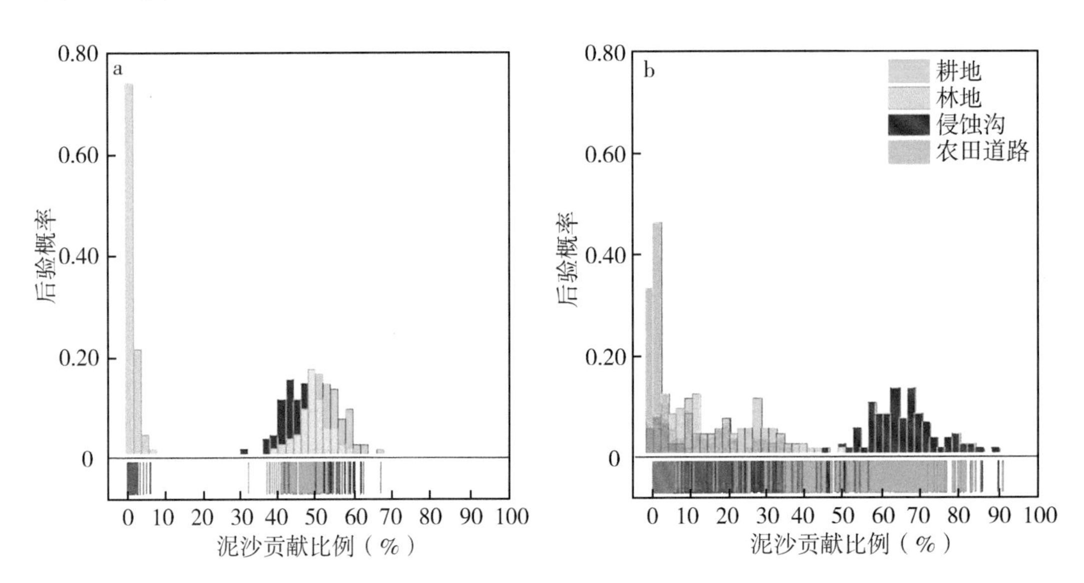

图 8-7　基于最优复合指纹的 Scheme1（a）和 Scheme2（b）条件下泥沙贡献比例后验概率

表 8-5　基于最优复合指纹泥沙贡献比例的统计量

指纹条件	泥沙源区	均值	标准差	95%置信下限	95%置信上限	SRD	ARD	GOF	MAF
Scheme 1	耕地	52.10	5.06	52.08	52.12	0.34	1.15	0.89	0.62
	林地	1.36	1.24	1.35	1.36				
	侵蚀沟	46.54	5.01	46.52	46.56				
Scheme 2	耕地	18.40	11.25	18.36	18.45	0.10	0.59	0.97	0.85
	林地	13.55	10.86	13.51	13.59				
	侵蚀沟	66.08	8.40	66.04	66.11				
	农田道路	1.97	1.83	1.97	1.98				

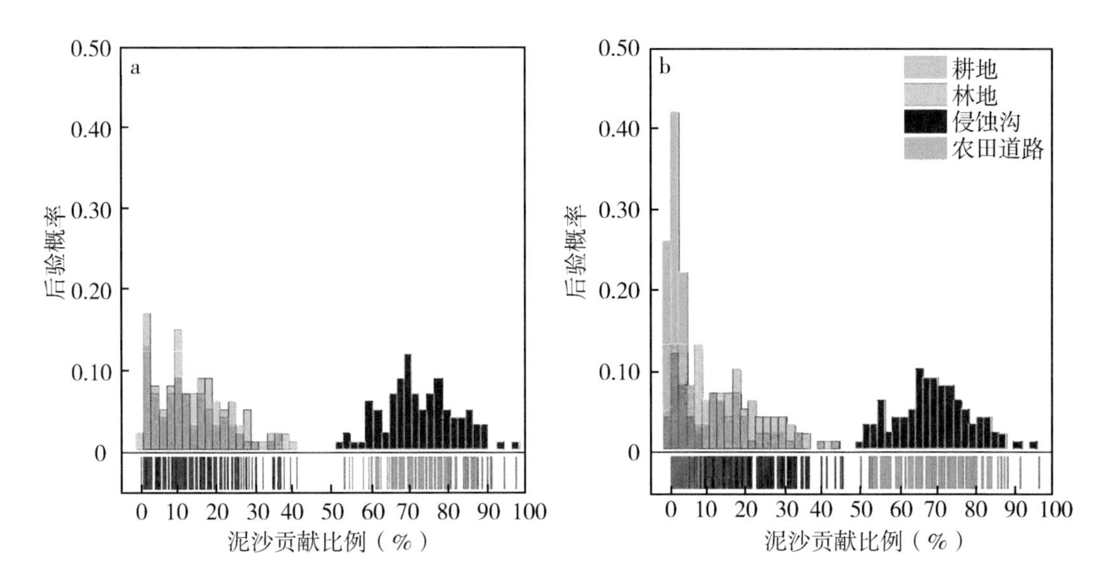

图 8-8　基于共同复合指纹的 Scheme1（a）和 Scheme2（b）条件下泥沙贡献比例后验概率

表 8-6　表 8-5 基于共同复合指纹泥沙贡献比例的统计量

指纹条件	泥沙源区	均值	标准差	95%置信下限	95%置信上限	SRD	ARD	GOF	MAF
Scheme 1	耕地	13.50	9.20	13.43	13.58	0.08	0.43	0.97	0.86
	林地	13.44	9.55	13.35	13.52				
	侵蚀沟	73.06	9.53	72.98	73.14				
Scheme 2	耕地	15.85	10.70	15.76	15.95	0.09	0.43	0.98	0.89
	林地	12.02	9.96	11.94	12.11				
	侵蚀沟	69.76	9.60	69.67	69.84				
	农田道路	2.37	1.89	2.35	2.38				

8.4　本章小结

首先，尽管农田道路不是研究区的主要泥沙来源，但改变最优复合的筛选结果，进而影响各源区的泥沙贡献比例。不同泥沙源区分类的共同指纹可克服这个问题，泥沙贡献比例结果的获得了更高的 GOF 和 MAF 值。其次，侵蚀沟是东北黑土区融雪侵蚀的主要泥沙来源，约占 70%，而农田道路仅约为 2%，耕地和林地分别贡献 16%和 12%的泥沙。本研究结果反映了研究区应重视沟道侵蚀，以防止耕地受到融雪侵蚀的破坏。

第9章　融雪侵蚀与降雨侵蚀的泥沙来源对比

融雪侵蚀是指冬季积雪在春季解冻期，随气温上升融化而产生的径流引起土壤侵蚀的过程，是季节性积雪区土壤侵蚀的重要驱动力。全球有60%的陆地被积雪覆盖，其中东北黑土区、新疆北部和西部、内蒙古东部和北部、青藏高原是我国冻融和融雪侵蚀强烈地区（张瑞芳等，2009）。一般冻融和融雪侵蚀发生于春季解冻期，融雪侵蚀时的气候、植被和土壤环境不同于降雨侵蚀。春季解冻期持续时间较短，期间下垫面封冻或只有地表解冻，底层仍处于冻结状态，形成不透水层，阻碍融雪水下渗，为形成融雪径流提供了下垫面条件。春季解冻期，植被还没有开始生长，地表植被覆盖度低，且土壤长期在融雪水中浸泡，受冻融作用的影响，土壤结构遭到破坏，团聚体分解，土壤抗冲性降低，土壤可蚀性增加，容易产生土壤侵蚀，为融雪侵蚀提供了物质来源（Yoo et al.,1982；Zuzel et al.,1982）。

东北黑土区地处我国高纬度地区，雪期长度5~8个月，北部时间长于南部，大部分地区积雪时间持续两个月以上，降雪量占年降水量的7%~25%，解冻期产沙量占全年的5.8%~27.7%，是我国冻融侵蚀强烈地区（焦剑等，2009；张瑞芳等，2009）。因此，融雪侵蚀是东北黑土区土壤侵蚀研究的重要组成部分。国内外的泥沙来源研究几乎集中于降雨侵蚀，缺乏对融雪侵蚀的针对性研究。本章研究的目的，一是初步分析降雨侵蚀与融雪侵蚀的泥沙来源差异；二是定量整个融雪径流过程中泥沙来源的动态变化，为融雪侵蚀机理的进一步研究提供依据。

9.1　泥沙样品采集

自2004年修建把口站开始，微小集水区一直坚持水土流失监测工作，采集了多年的泥沙样，为研究融雪侵蚀与降雨侵蚀的泥沙来源提供了条件。由于水土流失监测的主要工作是测定微小集水区径流量及其含沙量，用于采集径流泥沙的容器较小（约 1 000 mL），大部分采集到的泥沙重量小，不能满足测试土壤化学元素的要求。因此，本研究只选择近 5 年（2011—2015 年）产沙量较高的 10 次径流事件（包括 6 次降雨径流事件和 4 次融雪径流事件），并挑选每次径流事件中含沙量最高的样本，用于泥沙来源相关分析（表 9-1）。

2017 年 3 月 28 日，为了解研究区的潜在泥沙源区对融雪侵蚀泥沙的贡献比例的变化特征，在微小集水区出口处采集了一次整个融雪侵蚀过程的径流泥沙。10：00 左右开始融雪产流，直至 20：00 左右产流结束，共持续约 10 h。在集水区出口处，每隔 1 h，使用集流桶采集径流泥沙，同时读取水尺，用于计算径流量。将采集的径流泥沙带回实验站，静置沉淀 24 h，倒掉上清液，并烘干称重，含沙量（C_s，g/L）计算公式如下。

$$C_s = \frac{W_s}{V} \tag{9-1}$$

式中，W_s=泥沙重量（g）；V=水样体积（L）。

当水位未超过三角堰高度时，根据水尺读数的流量（Q，m^3/s）计算公式：

$$Q = \frac{8}{15} C_d \sqrt{2g} tan\left(\frac{\alpha}{2}\right) H^{2.5} \tag{9-2}$$

式中，C_d为流量系数，值为 0.58；α 为三角堰堰口角度，值为 136.5°；H 为有效水位高度（m）。

当水位超过三角堰高度时，流量计算公式如下。

$$Q = 0.4 B \sqrt{2g} H^{1.5} + 0.31 \sqrt{2g} tan\left(\frac{\alpha}{2}\right) H_0^{2.5} \tag{9-3}$$

式中，B 为径流堰宽度（m）；H_0为三角堰高度（m），值为 0.5。

表 9-1　径流事件的侵蚀类型

产流时间（年.月.日）	侵蚀类型
2011.4.07	融雪
2011.4.12	融雪
2013.4.29	降雨
2013.6.07	降雨
2013.6.13	降雨

（续表）

产流时间（年．月．日）	侵蚀类型
2013. 6. 19	降雨
2014. 5. 18	降雨
2014. 7. 14	降雨
2015. 3. 31	融雪
2015. 4. 15	融雪

9.2　结果与讨论

9.2.1　复合指纹筛选

根据表 9-1 泥沙源区指纹浓度的取值范围、非参数检验和逐步多元判别分析，最终筛选出 Ti、Ga、Br 和 Ba，组成最优复合指纹（表 9-2）。

表 9-2　逐步多元判别分析

步骤	指纹	Wilks' Lambda	泥沙源区累计判别率（%）	各因子泥沙源区判别率（%）	*P* 值
1	Ti	0. 050	63. 5	63. 5	0. 000
2	Ga	0. 015	90. 1	84. 2	0. 000
3	Br	0. 012	97. 5	93. 4	0. 000
4	Ba	0. 009	100. 0	98. 1	0. 000

9.2.2　降雨与融雪侵蚀的泥沙来源比较

应用 Walling-Collins 模型定量耕地、非耕地和侵蚀沟在 6 次降雨事件的泥沙贡献比例，发现各径流事件的泥沙来源存在差异（图 9-1a）。其中，2013 年 4 月 29 日、2013 年 6 月 13 日和 2013 年 6 月 19 日降雨事件的侵蚀泥沙主要来源于耕地，约占总产沙量的 46. 3%，而非耕地的泥沙贡献比例较小，仅占总产沙量的 11. 0%。侵蚀沟的泥沙贡献比例与耕地接近，占总产沙量的 42. 7%。而在 2013 年 6 月 7 日、

2014 年 5 月 18 日和 2014 年 7 月 14 日降雨事件的侵蚀泥沙主要来源于侵蚀沟，约占总产沙量的 61.8%，而耕地的泥沙贡献比例仅占总产沙量的 27.6%，非耕地的泥沙贡献比例变化不大，约占总产沙量的 10.6%。这表明，在单次降雨事件中，东北黑土区侵蚀沟的土壤侵蚀危害不容忽视。根据含沙量和径流量与各源区泥沙贡献比例的 Pearson 相关性分析（表 9-3），发现径流量与耕地和侵蚀沟的泥沙贡献比例有显著相关（$P<0.01$），与耕地呈负相关关系，而与侵蚀沟呈正相关关系。这说明径流量上升的时候，耕地和侵蚀沟的产沙量均增大，但侵蚀沟产沙量的增幅大于耕地，导致耕地的泥沙贡献比例减小。Gourdin et al.（2014）通过定量老挝北部 Houay Pano 流域的泥沙来源，得出了类似的结论。这可能是因为强降雨引起的径流动能较大，使沟底下切、沟坡剪切、沟头后退，侵蚀沟发育活跃，促进新侵蚀沟的形成，并激活了原有的侵蚀沟。另外，春季解冻期间，由冻融侵蚀堆积在沟坡基部的沉积物，在径流的高动能下很容易被搬运至集水区出口。

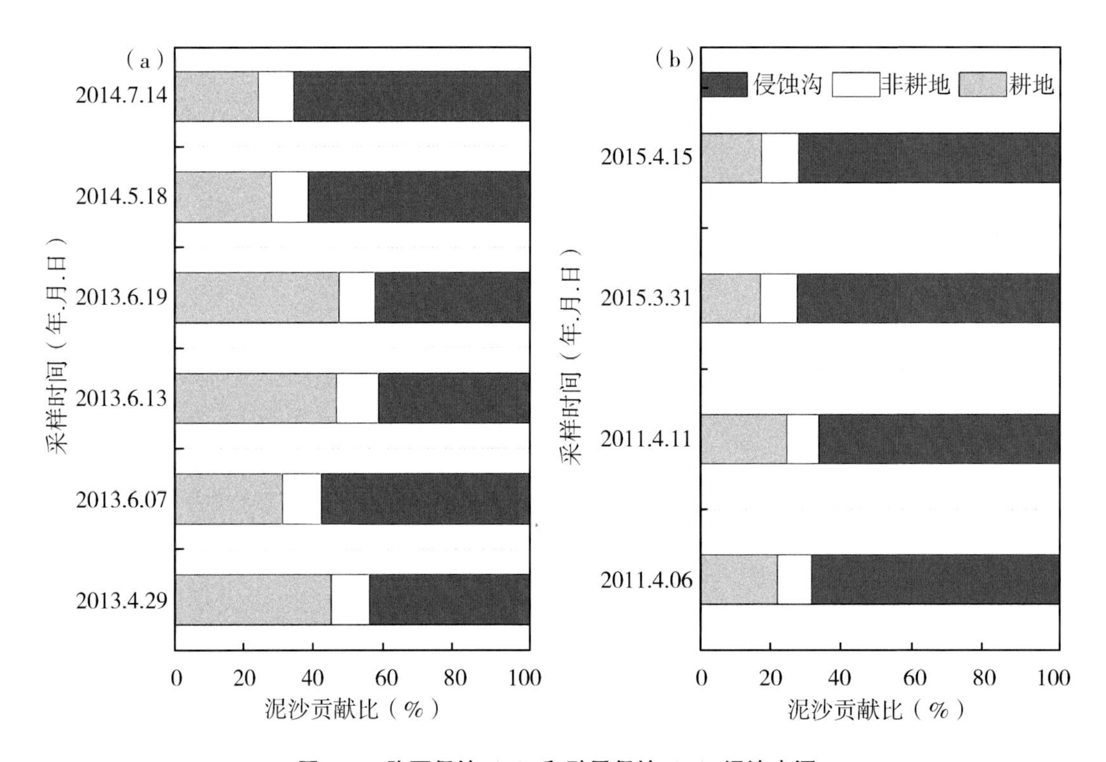

图 9-1　降雨侵蚀（a）和融雪侵蚀（b）泥沙来源

表 9-3　降雨侵蚀泥沙来源与径流量和含沙量相关性

指标	含沙量	径流量	耕地泥沙贡献	非耕地泥沙贡献	侵蚀沟泥沙贡献
含沙量	1				

（续表）

指标	含沙量	径流量	耕地泥沙贡献	非耕地泥沙贡献	侵蚀沟泥沙贡献
径流量	0.034	1			
耕地泥沙贡献	0.002	-0.994**	1		
非耕地泥沙贡献	0.159	-0.498	0.456	1	
侵蚀沟泥沙贡献	-0.012	0.995**	-0.998**	-0.506	1

注：** 表示 $P<0.01$ 水平上相关性显著。

降雨侵蚀和融雪侵蚀中耕地和侵蚀沟的泥沙贡献比例具有显著差异（$P<0.01$）。根据潜在泥沙源区在 4 次融雪径流的泥沙贡献比例，发现约 70.0%的侵蚀泥沙来源于侵蚀沟，耕地和非耕地分别仅贡献 20.2%和 9.8%（图 9-1b）。春季解冻期，沟底几乎无植被覆盖，缺乏保护，冻融和重力侵蚀的双重作用加剧沟壁坍塌，加之融雪径流加剧冻融侵蚀，促进了侵蚀沟的发育。这与胡刚等（2007）研究发现的春季解冻期切沟的侵蚀模数远大于雨季相吻合。相比于降雨，融雪水产生的径流能量较小，侵蚀作用有限，所以径流量与耕地和侵蚀沟的 Pearson's 相关性不显著（表 9-4）。

表 9-4　融雪侵蚀泥沙来源与径流量和含沙量相关性

指标	含沙量	径流量	耕地泥沙贡献	非耕地泥沙贡献	侵蚀沟泥沙贡献
含沙量	1				
径流量	-0.542	1			
耕地泥沙贡献	0.616	-0.932	1		
非耕地泥沙贡献	-0.641	0.887	-0.994**	1	
侵蚀沟泥沙贡献	-0.611	0.940	-1.000**	0.991**	1

注：** 表示 $P<0.01$ 水平上相关性显著。

9.2.3　融雪侵蚀过程

如上所述，融雪侵蚀和降雨侵蚀的泥沙来源有显著差异。然而，近几年泥沙来源研究基本集中于降雨侵蚀事件。例如，杨明义和徐龙江在黄土高原利用指纹识别法定量了主沟道、坡地果园、坡耕地和支沟道在一次洪水过程中的泥沙贡献比例变化（杨明义等，2010）；Walling et al.（2008）分析 Hampshire Avon 流域和 Middle Herefordshire Wye 流域不同降雨事件的泥沙来源变化。相比于降雨侵蚀的泥沙来源研究，针对融雪侵蚀的泥沙来源研究尚有待开展。为进一步了解高纬度地区的土壤侵蚀模式，探索不同源区土壤对流域产沙的贡献情况，于 2017 年春季解冻期间，在微小集水区出口，以 1 h 为间隔采集整个融雪事件的径流泥沙，共采集 10 次。通过融雪过程中径流量和含沙量，探讨研究区的融雪侵蚀规律，并与耕地、非耕地和侵蚀沟的泥沙贡献比建立联系。

春季解冻期，随着日温的回升，集水区内融雪水大量释放，形成融雪径流。上午 10：05 开始产流，随着温度升高，地表融雪水量增大。由于未完全解冻层的存在，阻碍了融雪水的入渗。中午 12：05 时，径流量达到峰值，约为 0.019 m^3/s。下午 13：05—16：05，径流量变化不大，保持在 0.015 m^3/s。随后径流量骤然下降，逐渐减小，直至 20：05 时基本停止。与融雪径流量相比，含沙量峰值的出现相对滞后。径流峰值出现 3 个小时后，即 15：05 出现含沙量的峰值，为 1.812 g/L，随后逐渐减小（图 9-2）。

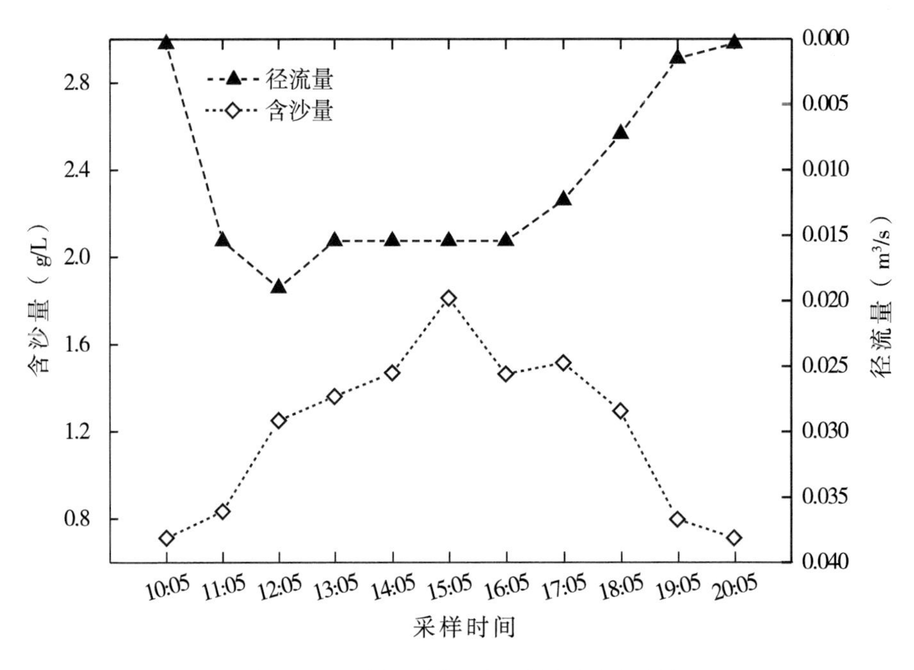

图 9-2　融雪侵蚀径流量与含沙量动态变化

融雪侵蚀过程中，泥沙主要来源于侵蚀沟，占总产沙量的 70%以上，其次为耕地，非耕地的泥沙贡献比例最小，约为 7%（图 9-3）。融雪侵蚀与降雨侵蚀不同，没有雨滴击溅过程，且融雪初期大部分融水入渗至土壤表层和雪层中，只有过剩的融水形成径流产生土壤侵蚀。因此，融雪侵蚀的耕地产沙量小于降雨侵蚀。反之，冻融作用加剧了侵蚀沟壁的坍塌，促进了沟头溯源侵蚀的发生，增加了侵蚀沟的泥沙贡献比例。

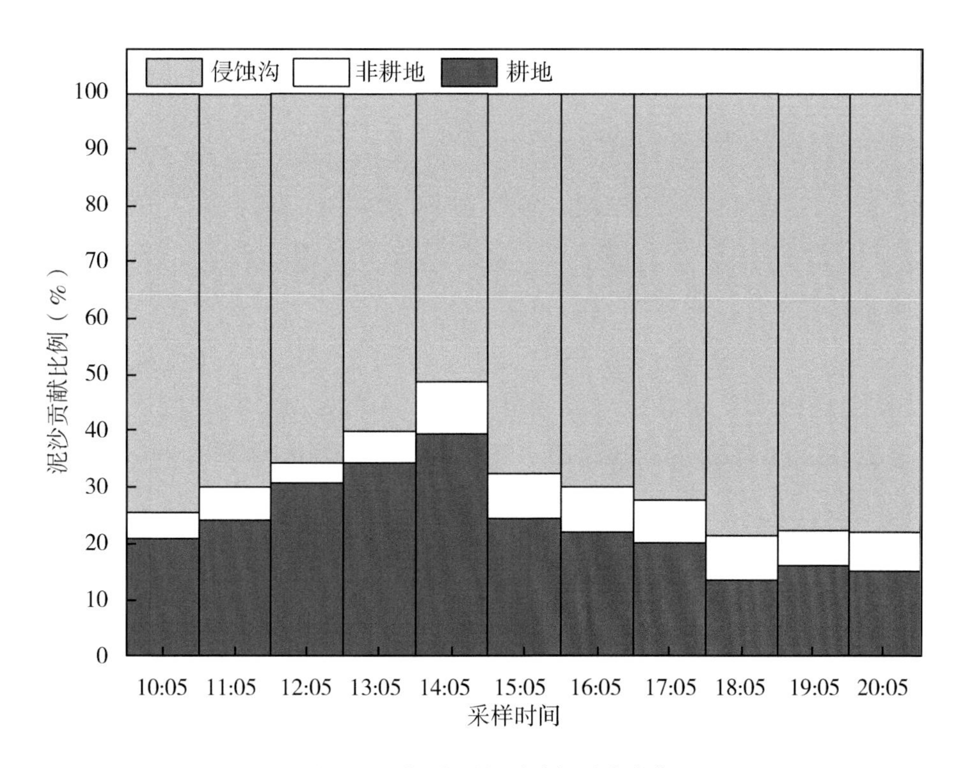

图 9-3 融雪侵蚀泥沙来源动态变化

耕地的泥沙贡献比例随时间呈先增大后减小的趋势，其峰值出现于 14：05，约为 39. 5%。下午 15：05 时，耕地的泥沙贡献比例骤然减小约 15%，随后逐渐减小。在整个融雪径流产沙过程中，侵蚀沟的泥沙贡献比例与耕地呈相反的变化趋势。耕地和侵蚀沟的泥沙贡献比例与径流量显著相关（$P<0.05$）（表 9-5）。径流量与耕地泥沙贡献比例呈正相关关系，与侵蚀沟的泥沙贡献比呈负相关关系。这说明随着融雪径流量的增大，耕地的泥沙贡献比例逐渐增大，而侵蚀沟的相对泥沙贡献比例逐渐减小。这一结果与降雨侵蚀的径流量与泥沙贡献比例的相关性恰好相反（表 9-3）。原因可能是由于融雪径流的能量小，侵蚀能力有限，融雪径流对沟壁和沟底的冲刷能力没有降雨径流显著有关。说明融雪侵蚀过程中，侵蚀沟的泥沙贡献比例远大于耕地的主要原因，并不是融雪径流对沟壁和沟底的冲刷作用，而是春季解冻期冻融作用引起的沟壁坍塌和沟头溯源侵蚀的作用。由于融雪侵蚀没有雨滴击溅过程，且积雪融化之后不会马上形成径流，大部分融雪水会首先保存在雪中，超过积雪持水能力后，大量融水才会得到集中释放。即使随着温度的升高，未完全解冻

层也基本很难迅速融化，所以表土持水饱和后，融雪水量逐渐增大，导致耕层表土被侵蚀掉，并随着径流量的增加，耕地的泥沙贡献比例持续增大。由于研究区耕地离微小集水区出口的距离较远，所以需要更大的径流能量。而非耕地的占地面积小，在集水区内分布不规律，且常年被植被或枯枝落叶覆盖，土壤侵蚀量少，所以融雪径流量与其泥沙贡献比例的相关性不显著。

表 9-5　融雪侵蚀过程泥沙来源与径流量和含沙量相关性

指标	含沙量	径流量	耕地泥沙贡献	非耕地泥沙贡献	侵蚀沟泥沙贡献
含沙量	1				
径流量	0.710*	1			
耕地泥沙贡献	0.410	0.692*	1		
非耕地泥沙贡献	0.521	0.099	−0.022	1	
侵蚀沟泥沙贡献	−0.507	−0.700*	−0.979**	−0.182	1

注：** 表示 $P<0.01$ 水平上相关性显著；* 表示 $P<0.05$ 水平上相关性显著。

9.3　本章小结

利用指纹识别法计算2011—2015年6次降雨径流事件和4次融水径流事件的泥沙来源，讨论降雨侵蚀和融雪侵蚀条件下研究区内各源区泥沙贡献比例的差异。同时，在微小集水区出口处采集整个融雪侵蚀过程的径流泥沙，分析了整个融雪侵蚀过程中泥沙来源的动态变化。

通过定量10次径流事件的泥沙来源发现，降雨侵蚀的泥沙中耕地和侵蚀沟的泥沙贡献比例大致相似，而融雪侵蚀的泥沙大部分来源于侵蚀沟（>70%），两种侵蚀驱动力下泥沙来源差异显著（$P<0.01$）。大径流量对侵蚀沟的下切和侧向侵蚀作用明显，促进了新侵蚀沟的形成，导致侵蚀沟的泥沙贡献增大，而耕地的泥沙贡献比例相对地减小，导致径流量与侵蚀沟的泥沙贡献比例呈显著的正相关关系（$P<0.01$），但在融雪侵蚀事件中，径流量与各源区的泥沙贡献比例无显著相关性。

根据整个融雪侵蚀过程的泥沙来源动态变化，发现70%以上的泥沙来源于侵蚀沟，耕地和非耕地分别贡献约23%和7%的泥沙。融雪侵蚀没有像降雨侵蚀一样有雨滴击溅侵蚀的过程，且径流量小，对沟壁和沟底的冲刷能力有限。但春季解冻期地表植被覆盖度低，缺乏保护作用，使沟壁和沟岸在冻融和重力作用下容易发生坍塌。因此，融雪侵蚀过程中，各源区的泥沙贡献比例和径流量的相关性与降雨侵蚀相反且显著（$P<0.05$）。这可以解释融雪侵蚀过程中侵蚀沟的泥沙贡献比例远大于耕地和非耕地的主要原因是春季解冻期冻融作用引起的沟壁坍塌，以及沟头的溯源侵蚀作用，而不是径流对沟壁和沟底的冲刷作用。由于积雪的持水作用，融雪水不会马上形成径流，到达一定程度后，才会释放大量融雪水，地表开始出现径流，这导致坡耕地的泥沙贡献比例呈现随径流量增大逐渐上升的趋势。

主要参考文献

白占国，万曦，万国江，等，1997. 岩溶山区表土中 Be-7、Cs-137、Ra-226 和 Ra-228 的地球化学相分配及其侵蚀示踪意义［J］. 环境科学学报（4）：22-26.

蔡壮，沈波，2007. 东北黑土区水土流失防治在保障国家粮食生产中的地位与作用［J］. 中国水利（20）：37-38.

柴社立，高丽娜，邱殿明，等，2013. 吉林省西部月亮湖沉积物的 Pb-210 和 Cs-137 测年及沉积速率［J］. 吉林大学学报（地球科学版），43（1）：134-141.

常维娜，周慧平，高燕，2014. 复合指纹识别泥沙来源：潜在泥沙源地的选择［J］. 生态与农村环境学报，30（6）：717-723.

陈永宗，1988. 黄河泥沙来源及侵蚀产沙的时间变化［J］. 中国水土保持（1）：23-30.

丁玲，孙辉，贾宏光，等，2014. 应用遗传算法优化设计机翼复合材料蜂窝夹层结构蒙皮［J］. 光学精密工程，22（12）：3272-3279.

范昊明，蔡强国，王红闪，2004. 中国东北黑土区土壤侵蚀环境［J］. 水土保持学报，18（2）：66-70.

冯光扬，1993. 嘉陵江泥沙来源与特性研究［J］. 四川水利，14（5）：1-5.

冯君园，蔡强国，李朝霞，等，2015. 高海拔寒区融水侵蚀研究进展［J］. 水土保持研究，22（3）：331-335.

龚时旸，熊贵枢，1979. 黄河泥沙来源和地区分布［J］. 人民黄河（1）：7-17.

顾广贺，王岩松，钟云飞，等，2015. 东北漫川漫岗区侵蚀沟发育特征研究［J］. 22（2）：47-51.

郭进，文安邦，严冬春，等，2014. 复合指纹识别技术定量示踪流域泥沙来源［J］. 农业工程学报，30（2）：94-104.

何永彬，李豪，张信宝，等，2009. 贵州茂兰峰丛森林洼地泥沙堆沉积速率的Cs-137示踪研究［J］. 地球与环境，37（4）：366-372.

胡刚，伍永秋，刘宝元，等，2007. 东北漫岗黑土区切沟侵蚀发育特征［J］. 地理学报，62（11）：1165-1173.

胡刚，伍永秋，刘宝元，等，2009. 东北漫岗黑土区浅沟侵蚀发育特征［J］. 地理科学，4（29）：545-549.

黄河水利委员会泥沙研究所，1952. 黄河泥沙的数量与来源的分析［J］. 新黄河（7）：15-32.

蒋德麒，赵诚信，陈章霖，1966. 黄河中游小流域径流泥沙来源初步分析［J］. 地理学报，32（1）：20-36.

焦剑，谢云，林燕，等，2009. 东北地区融雪期径流及产沙特征分析［J］. 地理研究，28（2）：333-344.

李楠，王明辉，马书根，等，2012. 基于多目标遗传算法的水陆两栖可变形机器人结构参数设计方法［J］. 机械工程学报，48（17）：10-20.

李振山，付慧真，张红武，等，2010. 泥沙来源确定方法述评［J］. 人民黄河，32（2）：46-48.

林金石，黄炎和，陈起军，等，2011. 组合指纹法研究花岗岩崩岗侵蚀泥沙来源［J］. 亚热带水土保持，23（4）：5-8.

刘宝元，谢云，张科利，2001. 土壤侵蚀预报模型［M］. 北京：中国科学技术出版社.

刘宝元，阎百兴，沈波，等，2008. 东北黑土区农地水土流失现状与综合治理对策［J］. 中国水土保持科学，6（1）：1-8.

刘宝元，扬杨，陆绍娟，2018. 几个常用土壤侵蚀术语辨析及其生产实践意义［J］. 中国水土保持科学，16（1）：9-16.

刘万铨，1996. 黄河河龙区间黄土丘陵沟壑区土壤侵蚀模数与小流域泥沙来源研究［J］. 中国水土保持（1）：8-11.

刘兴土，阎百兴，2009. 东北黑土区水土流失与粮食安全［J］. 中国水土保持（1）：17-19.

鲁彩艳，陈欣，史奕，等，2005. 东北黑土资源质量变化特征研究概述［J］. 农业系统科学与综合研究，21（3）：182-189.

陆海燕，2009. 基于遗传算法和准则法的高层建筑结构优化设计研究［D］. 大连：大连理工大学.
孟凯，张兴义，1998. 松嫩平原黑土退化的机理及其生态复原［J］. 土壤通报，29（3）：5-7.
潘少明，朱大奎，李炎，等，1997. 河口港湾沉积物中的 Cs-137 剖面及其沉积学意义［J］. 沉积学报（4）：69-73.
秦国华，谢文斌，王华敏，2015. 基于神经网络与遗传算法的刀具磨损检测与控制［J］. 光学精密工程，23（5）：1315-1321.
秦越，程金花，张洪江，等，2014. 雨滴对击溅侵蚀的影响研究［J］. 水土保持学报，28（2）：74-78.
石伟，王光谦，邵学军，2003. 不同来源区洪水对黄河下游流量-含沙量关系的影响［J］. 水科学进展，14（2）：147-151.
孙全颖，王艺霖，杜须韦，2015. 遗传算法在机械优化设计中的应用研究［J］. 哈尔滨理工大学学报，20（4）：46-50.
孙思扬，2011. 基于改进遗传算法的小型化宽带微带天线设计［D］. 北京：北京邮电大学.
唐克丽，2004. 中国土壤侵蚀与水土保持的态势和土壤科学的任务［C］. 沈阳：中国土壤学会第十次全国会员代表大会暨第五届海峡两岸土壤肥料学术交流研讨会.
唐强，贺秀斌，鲍玉海，等，2013. 泥沙来源“指纹”示踪技术研究综述［J］. 中国水土保持科学，11（3）：109-117.
万国江，1995. Cs-137 及 Pb-210 方法湖泊沉积计年研究新进展［J］. 地球科学进展（2）：188-192.
万国江，M PHS，1986. 放射性核素和纹理计年对比研究瑞士格莱芬湖近代沉积速率［J］. 地球化学（3）：259-270.
万国江，SANTSCHI P，FARRENKOTHEN K，1985. 瑞士 Greifen 湖新近沉积物中的 Cs-137 分布及其计年［J］. 环境科学学报（3）：360-365.
万国江，林文祝，黄荣贵，等，1990. 红枫湖沉积物 Cs-137 垂直剖面的计年特征及侵蚀示踪［J］. 科学通报，19（35）：1487-1490.
王文博，蔡运龙，王红亚，2008. 结合粒度和 Cs-137 对小流域水库沉积物的定年-以黔中喀斯特地区克酬水库为例［J］. 湖泊科学，20（3）：306-314.
王晓，2001. 用粒度分析法计算础砂岩区小流域泥沙来源的探讨［J］. 中国水土保持（1）：22-24.
魏天兴，2002. 黄土区小流域侵蚀泥沙来源与植被防止侵蚀作用研究［J］. 北京林业大学学报，24（5）：19-24.
文安邦，张信宝，WALLING D E，1998. 黄土丘陵区小流域泥沙来源及其动态变化的 Cs-137 法研究［J］. 地理学报，53：124-133.
文安邦，张信宝，张一云，等，2000. 长江上游云贵高原区泥沙来源的 Cs-137 法研究［J］. 水土保持学报，53：124-133.
文安邦，张信宝，张一云，等，2003. 云南东川泥石流沟与非泥石流沟 Cs-137 示踪法物源研究［J］. 泥沙研究，4：52-56.
伍永秋，刘宝元，2000. 切沟、切沟侵蚀与预报［J］. 应用基础与工程科学学报，2（8）：134-142.
夏威岚，薛滨，2004. 吉林小龙湾沉积速率的 Pb-210 和 Cs-137 年代学方法测定［J］. 第四纪研究，24（1）：124-125.
肖海，刘刚，许文年，等，2014. 利用稀土元素示踪三峡库区小流域模型泥沙来源［J］. 水土保持学报，28（1）：47-52.
肖剑，但斌，张旭梅，2007. 供货商选择的双层规划模型及遗传算法求解［J］. 重庆大学学报，30（6）：155-158.
肖曦，许青松，王雅婷，等，2014. 基于遗传算法的内埋式永磁同步电机参数辨识方法［J］. 电工技术学报，29（3）：21-26.
熊聪聪，冯龙，陈丽仙，等，2012. 云计算中基于遗传算法的任务调度算法研究［J］. 华中科技大学学报（S1）：1-4.
熊道光，1990. 鄱阳湖泥沙来源及湖盆近期沉积规律探讨［J］. 海洋与湖沼，21（4）：374-385.
徐经意，万国江，王长生，等，1999. 云南省泸沽湖、洱海现代沉积物中 Pb-210，Cs-137 的垂直分布及其计年［J］. 湖泊科学（2）：110-116.
阎百兴，杨育红，刘兴土，等，2008. 东北黑土区土壤侵蚀现状与演变趋势［J］. 中国水土保持（12）：26-30.
燕乐纬，陈树辉，2011. 基于改进遗传算法的非线性方程组求解［J］. 中山大学学报，50（1）：9-13.
杨明义，徐龙江，2010. 黄土高原小流域泥沙来源的复合指纹识别法分析［J］. 水土保持学报，2（24）：30-34.

于海璁，陆锋，2014. 一种基于遗传算法的多模式多标准路径规划方法［J］. 测绘学报，43（1）：89-96.
张成文，苏森，陈俊亮，2006. 基于遗传算法的 QoS 感知的 Web 服务选择［J］. 计算机学报，29（7）：1029-1037.
张风宝，杨明义，赵晓光，等，2005. 磁性示踪在土壤侵蚀研究中的应用进展［J］. 地球科学进展，20（7）：751-756.
张瑞芳，王瑄，范昊明，等，2009. 我国冻融区划分与分区侵蚀特征研究［J］. 中国水土保持科学，7（2）：24-28.
张淑蓉，徐翠华，钟志兆，等，1993. Pb-210 和 Cs-137 法测定洱海沉积物的年代和沉积速率［J］. 辐射防护（6）：453-457.
张晓平，梁爱珍，申艳，等，2006. 东北黑土水土流失特点［J］. 地理科学，26（6）：687-692.
张信宝，WALLING D E，贺秀斌，等，2005. 黄土高原小流域植被变化和侵蚀产沙的孢粉示踪研究初探［J］. 第四纪研究，25（6）：722-728.
张信宝，贺秀斌，文安邦，等，2004. 川中丘陵区小流域泥沙来源的 Cs-137 和 Pb-210 双同位素法研究［J］. 科学通报，49（15）：1537-1541.
张信宝，温仲明，冯明义，等，2007. 应用 Cs-137 示踪技术破译黄土丘陵区小流域坝库沉积赋存的产沙记录［J］. 中国科学 D 辑，37（3）：405-410.
张燕，彭补拙，陈捷，等，2005. 借助 Cs-137 估算滇池沉积量［J］. 地理学报，1（60）：71-78.
张永光，伍永秋，刘宝元，2006. 东北漫岗黑土区春季冻融期浅沟侵［J］. 山地学报，3（24）：306-311.
赵改善，1992. 求解非线性最优化问题的遗传算法［J］. 地球物理学进展，7（1）:90-97.
郑粉莉，张加琼，刘刚，等，2019. 东北黑土区坡耕地土壤侵蚀特征与多营力复合侵蚀的研究重点［J］. 水土保持通报，39（4）：314-319.
郑良勇，李占斌，李鹏，等，2012. 坡面侵蚀泥沙来源立体分布研究［J］. 水土保持学报，26（3）：58-61.
APPLEBY P G，2001. Tracking environmental change using lake sediments［M］. The Netherlands：Springer Netherlands.
BEACH T，1994. The fate of eroded soil：sediment sinks and sediment budgets of a-

grarian landscapes in southern Minnesota, 1851–1988 [J]. Annals of the Association of American Geographers, 84 (1): 5–28.

BERGER A R, 1997. Assessing rapid environmental change using geoindicators [J]. Environmental Geology, 32: 36–44.

BINFORD M W, 1990. Calculation and uncertainty analysis of Pb–210 dates for PIRLA project lake sediment cores [J]. Journal of Paleolimnology, 3 (3): 253–267.

BLAKE W H, FICKEN K J, TAYLOR P, et al., 2012. Tracing crop–specific sediment sources in agricultural catchments [J]. Geomorphology, 139 – 140: 322–329.

BOARDMAN J, ROBINSON D A, 1985. Soil erosion, climatic vagary and agricultural change on the Downs around Lewes and Brighton, autumn 1982 [J]. Applied Geography, 5 (3): 243–258.

BORRELLI P, ROBINSON D A, FLEISCHER L R, et al., 2017. An assessment of the global impact of 21st century land use change on soil erosion [J]. Nature Communications, 8 (1): 2013.

CHEN F, ZHANG F, FANG N, et al., 2016. Sediment source analysis using the fingerprinting method in a small catchment of the Loess Plateau, China [J]. Journal of Soils and Sediments, 16 (5): 1655–1669.

CHEN H, LIU G, ZHANG X, et al., 2021. Quantifying sediment source contributions in an agricultural catchment with ephemeral and classic gullies using 137Cs technique. [J]. Geoderma, 398: 115112.

COLLINS A L, PULLEY S, FOSTER I D, et al., 2017. Sediment source fingerprinting as an aid to catchment management: a review of the current state of knowledge and a methodological decision–tree for end–users [J]. Journal of Environmental Management, 194: 86–108.

COLLINS A L, WALLING D E, 2004. Documenting catchment suspended sediment sources: problems, approaches and prospects [J]. Progress in Physical Geography, 28 (2): 159–196.

COLLINS A L, WALLING D E, 2007. Sources of fine sediment recovered from the channel bed of lowland groundwater–fed catchments in the UK [J]. Geomorphology, 88 (1-2): 120-138.

COLLINS A L, WALLING D E, LEEKS G J L, 1996. Composite fingerprinting of the spatial source of fluvial suspended sediment: a case study of the Exe and Severn river basins, United Kingdom [J]. Géomorphologie: Relief, Processus, Environnement, 2 (2): 41-53.

COLLINS A L, WALLING D E, LEEKS G J L, 1997. Source type ascription for fluvial suspended sediment based on a quantitative composite fingerprinting technique [J]. Catena, 29: 1-27.

COLLINS A L, WALLING D E, LEEKS G J L, 1997. Use of the geochemical record preserved in floodplain deposits to reconstruct recent changes in river basin sediment sources [J]. Geomorphology, 19 (1): 151-167.

COLLINS A L, WALLING D E, STROUD R W, et al., 2010. Assessing damaged road verges as a suspended sediment source in the Hampshire Avon catchment, southern United Kingdom [J]. Hydrological Processes, 24 (9): 1106-1122.

COLLINS A L, WALLING D E, WEBB L, et al., 2010. Apportioning catchment scale sediment sources using a modified composite fingerprinting technique incorporating property weightings and prior information [J]. Geoderma, 155 (3-4): 249-261.

COLLINS A L, ZHANG Y S, DUETHMANN D, et al., 2013. Using a novel tracing-tracking framework to source fine-grained sediment loss to watercourses at sub-catchment scale [J]. Hydrological Processes, 27 (6): 959-974.

COLLINS A L, ZHANG Y S, HICKINBOTHAM R, et al., 2013. Contemporary fine-grained bed sediment sources across the River Wensum Demonstration Test catchment, UK [J]. Hydrological Processes, 27 (6): 857-884.

COLLINS A L, ZHANG Y, WALLING D E, et al., 2010. Tracing sediment loss from eroding farm tracks using a geochemical fingerprinting procedure combining local and genetic algorithm optimisation [J]. Science of the Total Environment, 408 (22): 5461-5471.

COLLINS A L, ZHANG Y, WALLING D E, et al., 2012. Quantifying fine-grained sediment sources in the River Axe catchment, Southwest England: application of a Monte Carlo numerical modelling framework incorporating local and genetic algorithm optimisation [J]. Hydrological Processes, 26 (13): 1962-1983.

CROZAZ G, LANGWAY J R, 1966. Dating greenland firn-ice cores with Pb-210 [J]. Earth and Planetary Science Letters, 4 (1): 194-196.

CROZAZ G, PICCIOTTO E, DE BREUCK W, 1964. Antarctic snow chronology with Pb210 [J]. Journal of Geophysical Research, 12 (69): 2597-2604.

DAVIS C M, FOX J F, 2009. Sediment fingerprinting: review of the method and future improvements for allocating nonpoint source pollution [J]. Journal of Environmental Engineering, 135 (7): 490-504.

DAVIS R J, GREGORY K J, 1994. A new distinct mechanism of river bank erosion in a forested catchment [J]. Journal of Hydrology, 157 (1-4): 1-11.

DE VENTE J, POESEN J, VERSTRAETEN G, et al., 2013. Predicting soil erosion and sediment yield at regional scales: where do we stand? [J]. Earth-Science Reviews, 127: 16-29.

DEARING J A, 1991. Lake sediment records of erosional processes [J]. Hydrobiologia, 214 (1): 99-106.

DEARING J A, JONES R T, SHEN J, et al., 2007. Using multiple archives to understand past and present climate-human-environment interactions: the lake Erhai catchment, Yunnan Province, China [J]. Journal of Paleolimnology, 40 (1): 3-31.

DEVEREUX O H, PRESTEGAARD K L, NEEDELMAN B A, et al., 2010. Suspended-sediment sources in an urban watershed, Northeast Branch Anacostia River, Maryland [J]. Hydrological Processes, 24 (11): 1391-1403.

DONG Y, WU Y, ZHANG T, et al., 2013. The sediment delivery ratio in a small catchment in the black soil region of Northeast China [J]. International Journal of Sediment Research, 28 (1): 111-117.

DOUGLAS G B, GRAY C M, 1995. A strontium isotopic investigation of the origin of suspended particulate matter (SPM) in the Murray-Darling river system, Australia [J]. Chemical Geology, 59: 3799-3815.

DU P, WALLING D E, 2012. Using Pb - 210 measurements to estimate sedimentation rates on river floodplains [J]. Journal of Environmental Radioactivity，103（1）：59-75.

DU P，WALLING D E，2017. Fingerprinting surficial sediment sources：exploring some potential problems associated with the spatial variability of source material properties［J］. Journal of Environmental Management，194：4-15.

D'HAEN K，VERSTRAETEN G，DUSAR B，et al.，2013. Unravelling changing sediment sources in a Mediterranean mountain catchment：a Bayesian fingerprinting approach［J］. Hydrological Processes，27（6）：896-910.

EVANS E J，DEKKER A J，1966. Plant uptake of Cs-137 from nine Canadian soils［J］. Canadian Journal of Soil Science，46（2）：167-176.

FANG H Y，2015. Temporal variations of sediment source from a reservoir catchment in the black soil region，Northeast China［J］. Soil and Tillage Research，153：59-65.

FANG H Y，SUN L Y，QI D L，et al.，2012. Using Cs-137 technique to quantify soil erosion and deposition rates in an agricultural catchment in the black soil region，Northeast China［J］. Geomorphology，142-150.

FENG M Y，WALLING D E，ZHANG X B，et al.，2003. A study on responses of soil erosion and sediment yield to closing cultivation on sloping land in a small catchment using Cs-137 technique in the Rolling Loess Plateau，China［J］. Chinese Science Bulletin，48（19）：2093-2100.

FERRICK M G，GATTO L W，2005. Quantifying the effect of a freeze-thaw cycle on soil erosion：laboratory experiments［J］. Earth Surface Processes and Landforms，30（10）：1305-1326.

FOSTER I D L，CHARLESWORTH S M，1996. Heavy metals in the hydrological cycle：trends and explanation［J］. Hydrological Processes，10：227-261.

FOSTER I D L，WALLING D E，1994. Using reservoir deposits to reconstruct changing sediment yields and sources in the catchment of the Old Mill Reservoir，South Devon，UK，over the past 50 years［J］. Hydrological Sciences Journal，39（4）：347-368.

FOSTER I，ALBON A J，BARDELL K M，et al.，1991. High energy coastal sedimentary deposits：an evaluation of depositional processes in Southwest England［J］. Eerth Surface Processes and Landforms，16（4）：341-356.

FRANKS S, ROWAN J, 2000. Multi-parameter fingerprinting of sediment sources: Uncertainty estimation and tracer selection [C]. CALGARY, CANADA.

FRANZ C, MAKESCHIN F, WEISS H, et al., 2014. Sediments in urban river basins: identification of sediment sources within the Lago Paranoa catchment, Brasilia DF, Brazil-using the fingerprint approach [J]. Science of the Total Environment, 466-467: 513-523.

GARZON-GARCIA A, LACEBY J P, OLLEY J M, et al., 2017. Differentiating the sources of fine sediment, organic matter and nitrogen in a subtropical Australian catchment [J]. Science of the Total Environment, 575: 1384-1394.

GELLIS A C, NOE G B, 2013. Sediment source analysis in the Linganore Creek watershed, Maryland, USA, using the sediment fingerprinting approach: 2008 to 2010 [J]. Journal of Soils and Sediments, 13 (10): 1735-1753.

GIBBS R J, 1967. The geochemistry of the Amazon River system: Part I. The factors that control the salinity and the composition and concentration of the suspended solids [J]. Geological Society of America Bulletin, 10 (78): 1203-1232.

GOLDBERG E D, 1963. Geochronology with Pb-210 in radioactive dating [J]. International Atomic Energy Contribution, 1510: 121-131.

GONZALES-INCA C, VALKAMA P, LILL J, et al., 2018. Spatial modeling of sediment transfer and identification of sediment sources during snowmelt in an agricultural watershed in boreal climate [J]. Science of the Total Environment (612): 303-312.

GOURDIN E, EVRARD O, HUON S, et al., 2014. Suspended sediment dynamics in a Southeast Asian mountainous catchment: combining river monitoring and fallout radionuclide tracers [J]. Journal of Hydrology, 519: 1811-1823.

HADDADCHI A, NOSRATI K, AHMADI F, 2014. Differences between the source contribution of bed material and suspended sediments in a mountainous agricultural catchment of western Iran [J]. Catena, 116: 105-113.

HADDADCHI A, OLLEY J, LACEBY P, 2014. Accuracy of mixing models in predicting sediment source contributions [J]. Science of the Total Environment, 497-498: 139-152.

HADDADCHI A, OLLEY J, PIETSCH T, 2015. Quantifying sources of suspended sediment in three size fractions [J]. Journal of Soils and Sediments, 15 (10): 2086-2100.

HADDADCHI A, RYDER D S, EVRARD O, et al., 2013. Sediment fingerprinting in fluvial systems: review oftracers, sediment sources and mixing models [J]. International Journal of Sediment Research, 28 (4): 560-578.

HE J, DIAO Z, ZHENG Z, et al., 2020. Laboratory investigation of phosphorus loss with snowmelt and rainfall runoff from a Steppe wetland catchment [J]. Chemosphere, 241: 125137.

HE Q, 1993. Interpretation of fallout radionuclide profiles in sediments from lake and floodplain environments [D]. Exeter: University of Exeter.

HE Q, WALLING D E, 1996. Interpreting particle size effects on the adsorption of Cs-137 and unsupported Pb-210 by mineral soils and sediments [J]. Journal of Environmental Radioactivity, 30: 117-137.

HOMANN P S, REMILLARD S M, HARMON M E, et al., 2004. Carbon storage in coarse and fine fractions of Pacific Northwest old-growth forest soils [J]. Soil Science Society of America Journal, 68: 2023-2030.

HU G, WU Y, LIU B, et al., 2007. Short-term gully retreat rates over rolling hill areas in black soil of Northeast China [J]. Catena, 71 (2): 321-329.

HUANG D H, DU P F, WANG J, et al., 2019. Using reservoir deposits to quantify the source contributions to the sediment yield in the Black Soil Region, Northeast China, based on the fingerprinting technique [J]. Geomorphology, 339: 1-18.

HUANG D, DU P, WALLING D E, et al., 2019. Using reservoir deposits to reconstruct the impact of recent changes in land management on sediment yield and sediment sources for a small catchment in the Black Soil region of Northeast China [J]. Geoderma, 343: 139-154.

HUANG G, ZHANG R, 2005. Evaluation of soil water retention curve with the pore-solid fractal model [J]. Geoderma, 127 (1-2): 52-61.

HUGHES A O, OLLEY J M, CROKE J C, et al., 2009. Sediment source changes over the last 250 years in a dry-tropical catchment, Central Queensland, Australia [J]. Geomorphology, 104 (3-4): 262-275.

HUISMAN N L H, KARTHIKEYAN K G, LAMBA J, et al., 2013. Quantification of seasonal sediment and phosphorus transport dynamics in an agricultural watershed using radiometric fingerprinting techniques [J]. Journal of Soils and Sediments, 13 (10): 1724-1734.

HWANG S I, POWERS S E, 2003. Using Particle-Size Distribution Models to estimate soil hydraulic properties [J]. Soil Science Society of America Journal, 67: 1103-1112.

JIA X, WANG H, WAN H, 2013. Sources and trace element geochemical characteristics of the coarse sediment in the Ningxia-Inner Mongolia reaches of the Yellow River [J]. Geosciences Journal, 18 (2): 181-192.

KIMOTO A, NEARING M A, ZHANG X C, et al., 2006. Applicability of rare earth element oxides as a sediment tracer for coarse-textured soils [J]. Catena, 65 (3): 214-221.

KLAGES M G, HSIEH Y P, 1975. Suspended solids carried by the Galatin River of Southwestern Montana: Ⅱ. Using mineralogy for inferring sources [J]. Journal of Environmental Quality (4): 68-73.

KOARASHI J, NISHIMURA S, ATARASHI-ANDOH M, et al., 2018. Radiocesium distribution in aggregate-size fractions of cropland and forest soils affected by the Fukushima nuclear accident [J]. Chemosphere, 205: 147-155.

KRISHNAPPAN B G, CHAMBERS P A, BENOY G, et al., 2009. Sediment source identification: a review and a case study in some Canadian streams [J]. Canadian Journal of Civil Engineering, 36 (10): 1622-1633.

KRISHNASWAMY S, LAL D, MARTIN J M, et al., 1971. Geochronology of lake sediments [J]. Earth and Planetary Science Letters, 1-5 (11): 407-414.

KUNZENDORF H, EMEIS K C, CHRISTIANSEN C, 1998. Sedmentation in the Central Baltic Sea as Viewed by Non-Destructive Pb-210-dating [J]. Geografisk Tidsskrift-Danish Journal of Geography, 1 (98): 1-9.

LACEBY J P, OLLEY J, 2015. An examination of geochemical modelling approaches to tracing sediment sources incorporating distribution mixing and elemental correlations [J]. Hydrological Processes, 29 (6): 1669-1685.

LAM K C, 1977. Patterns and rates of slopewash on the badlands of Hong Kong

[J]. Earth Surface Processes, 2 (4): 319-332.

LE GALL M, EVRARD O, DAPOIGNY A, et al., 2017. Tracing sediment sources in a subtropical agricultural catchment of Southern Brazil cultivated with conventional and conservation farming practices [J]. Land Degradation & Development, 28 (4): 1426-1436.

LEES J A, 1997. Mineral magnetic properties of mixtures of environmental and synthetic materials: linear additivity and interaction effects [J]. Geophysical Journal International, 131: 35-346.

LEUNG Y F, MONZ C, 2006. Visitor impact monitoring: old issues, new challenges ean introduction to this special issue [J]. The George Wright Forum, 23: 7-10.

LIU B, STORM D E, ZHANG X J, et al., 2016. A new method for fingerprinting sediment source contributions using distances from discriminant function analysis [J]. Catena, 147: 32-39.

LIU G, YANG M Y, WARRINGTON D N, et al., 2011. Using beryllium-7 to monitor the relative proportions of interrill and rill erosion from loessal soil slopes in a single rainfall event [J]. Earth Surface Processes and Landforms, 36 (4): 439-448.

LIU H, WEI Y, WANG L, et al., 2015. Influence of soil erosion thicknєss on soybean yield and coupling mode of water and fertilizers of black soil in Northeast China [J]. International Journal of U-And E-Service, Science and Technology, 8 (3): 189-200.

LIU Y, XU X, FAN H, et al., 2017. Rill erosion characteristics on slope farmland of horizontal ridge tillage during snow-melting period in black soil region of northeast China [J]. Chinese Journal of Soil Science, 3 (48): 701-706.

LOWDERMILK W C, 1935. Man - made deserts [J]. Pacific Affairs, 8 (4): 409.

MABIT L, BENMANSOUR M, ABRIL J M, et al., 2014. Fallout Pb-210 as a soil and sediment tracer in catchment sediment budget investigations: a review [J]. Earth-Science Reviews, 138: 335-351.

MARTINEZ-CARRERAS N, GALLART F, IFFLY J F, et al., 2008. Uncertainty assessment in Suspended sediment fingerprinting based on tracer mixing models: a case study from Luxembourg [J]. Sediment Dynamics in Changing Environments, 325: 94-105.

MAŽEIKA J, DUŠAUSKIENE-DUŽ R, RADZEVIČIUS R, 2004. Sedimentation in the Eastern Baltic Sea: lead-210 dating and trace element data implication [J]. Baltica, 2 (17): 79-92.

MCKINLEY R, RADCLIFFE D, MUKUNDAN R, 2013. A streamlined approach for sediment source fingerprinting in a Southern Piedmont watershed, USA [J]. Journal of Soils and Sediments, 13 (10): 1754-1769.

MERTEN G H, MINELLA J P G, MORO M, et al., 2010. The effects of soil conservation on sediment yield and sediment source dynamics in a catchment in Southern Brazil [Z]. Wallingford: Int Assoc Hydrological Sciences, 337, 59-67.

MINELLA J P G, MERTEN G H, BARROS C A P, et al., 2018. Long-term sediment yield from a small catchment in Southern Brazil affected by land use and soil management changes [J]. Hydrological Processes, 32 (2): 200-211.

MINELLA J P G, WALLING D E, MERTEN G H, 2008. Combining sediment source tracing techniques with traditional monitoring to assess the impact of improved land management on catchment sediment yields [J]. Journal of Hydrology, 348 (3-4): 546-563.

MINELLA J P G, WALLING D E, MERTEN G H, 2014. Establishing a sediment budget for a small agricultural catchment in Southern Brazil, to support the development of effective sediment management strategies [J]. Journal of Hydrology, 519: 2189-2201.

MIZUGAKI S, ONDA Y, FUKUYAMA T, et al., 2008. Estimation of suspended sediment sources using Cs-137 and Pb-210 in unmanaged Japanese cypress plantation watersheds in southern Japan [J]. Hydrological Processes, 22: 4519-4531.

MONTERO E, 2005. Rényi dimensions analysis of soil particle-size distributions [J]. Ecological Modelling, 182 (3-4): 305-315.

MONTGOMERY D R, 2007. Soil erosion and agricultural sustainability [J]. Proceedings of the National Academy of Sciences of the United States of America, 104

(33): 13268-13272.

MOTHA J A, WALLBRINK P J, HAIRSINE P B, et al., 2004. Unsealed roads as suspended sediment sources in an agricultural catchment in South-Eastern Australia [J]. Journal of Hydrology, 286 (1-4): 1-18.

NEARING M A, XIE Y, LIU B, et al., 2017. Natural and anthropogenic rates of soil erosion [J]. International Soil and Water Conservation Research, 5 (2): 77-84.

NOSRATI K, GOVERS G, SEMMENS B X, et al., 2014. A mixing model to incorporate uncertainty in sediment fingerprinting [J]. Geoderma, 217 - 218: 173-180.

NOSRATI K, HADDADCHI A, COLLINS A L, et al., 2018. Tracing sediment sources in a mountainous forest catchment under road construction in Northern Iran: comparison of Bayesian and frequentist approaches. [J]. Environmental Science and Pollution Research International, 25: 30979-30997.

OLDFIELD F, APPLEBY P G, 1984. Empirical testing of Pb-210 dating models for lake sediments [Z].

OLLEY J, CAITCHEON G, 2000. Major element chemistry of sediments from the Darling-Barwon river and its tributaries: implications for sediment and phosphorus sources [J]. Hydrol Process, 14: 1159-1175.

OREILLY J, VINTR6 L L, MITCHELL P I, et al., 2011. 210Pb-dating of a lake sediment core from Lough Carra (Co. Mayo, Western Ireland): use of paleolimnological data for chronology validation below the 210Pb dating horizon [J]. Journal of Environmental Radioactivity, 5 (102): 495-499.

ØYGARDEN L, 2003. Rill and gully development during extreme winter runoff event in norway [J]. Catena, 50 (2-4): 217-242.

PALAZON L, NAVAS A, 2017. Variability in source sediment contributions by applying different statistic test for a Pyrenean catchment [J]. Journal of Environmental Management, 194: 42-53.

PALAZÓN L, GASPAR L, LATORRE B, et al., 2015. Identifying sediment sources by applying a fingerprinting mixing model in a Pyrenean drainage catchment [J]. Journal of Soils and Sediments, 15 (10): 2067-2085.

PALAZÓN L, NAVAS A, 2016. Land use sediment production response under different climatic conditions in an alpine-prealpine catchment [J]. Catena, 137: 244-255.

PENNINGTON W, TUTIN T G, CAMBRAY R S, et al., 1973. Observations on lake sediments using fallout Cs - 137 as a tracer [J]. Nature, 5396 (242): 324.

PIMENTEL D, HARVEY C, RESOUDARMO P, et al., 1995. Envrironental and economic costs of soil erosion and conservation benefits [J]. Science, 267: 1117-1123.

POULENARD J, LEGOUT C, NÉMERY J, et al., 2012. Tracing sediment sources during floods using Diffuse Reflectance Infrared Fourier Transform Spectrometry (DRIFTS): a case study in a highly erosive mountainous catchment (Southern French Alps) [J]. Journal of Hydrology, 414-415: 452-462.

PULLEY S, FOSTER I, COLLINS A L, 2017. The impact of catchment source group classification on the accuracy of sediment fingerprinting outputs [J]. Journal of Environmental Management, 194: 16-26.

RABESIRANANA N, RASOLONIRINA M, SOLONJARA A F, et al., 2016. Assessment of soil redistribution rates by Cs-137 and Pbex-210 in a typical Malagasy agricultural field [J]. Journal of Environmental Radioactivity, 152: 112-118.

RENARD K G, FOSTER G R, WEESIES G A, et al., 1991. RUSLE: Revised universal soil loss equation [J]. Journal of Soil and Water Conservation, 46 (1): 30-33.

RITCHIE J C, MCHENRY J R, 1990. Application of radioactive fallout cesium-137 for measuring soil erosion and sediment accumulation rates and patterns: a review [J]. Journal of Environmental Quality, 2 (19): 215-233.

RITCHIE J C, MCHENRY J R, GILL A C, 1973. Dating recent reservoir sediments [J]. Limnology and Oceanography, 2 (18): 254-263.

ROBBINS J A, EDGINGTON D N, 1975. Determination of recent sedimentation rates in Lake Michigan using Pb-210 and Cs-137 [J]. Geochimica Et Cosmochimica Acta, 3 (39): 285-304.

ROWNTREE K M, VAN DER WAAL B W, PULLEY S, 2017. Magnetic susceptibility as a simple tracer for fluvial sediment source ascription during storm events [J]. Journal of Environmental Management, 194: 54-62.

RUBIN D B, 1988. Using the SIR algorithm to simulate posterior distributions [J]. Bayesian Statistics, 3: 395-402.

RUMSBY B, 2000. Vertical accretion rates in fluvial systems: a comparison of volumetric and depth-based estimates [J]. Earth Surface Processes and Landforms, 25: 617-631.

RUSSELL M A, WALLING D E, HODGKINSON R A, 2001. Suspended sediment sources in two small lowland agricultural catchments in the UK [J]. Journal of Hydrology, 252: 1-24.

SCHULLER P, WALLING D E, IROUME A, et al., 2013. Using Cs-137 and Pbex-210 and other sediment source fingerprints to document suspended sediment sources in small forested catchments in South-Central Chile [J]. Journal of Environmental Radioactivity, 124: 147-159.

SCHULZ R K, OVERSTREET R, BARSHAD I, 1960. On the soil chemistry of cesium-137 [J]. Soil Science, 89 (1): 16-27.

SHERRIFF S C, FRANKS S W, ROWAN J S, et al., 2015. Uncertainty-based assessment of tracer selection, tracer non-conservativeness and multiple solutions in sediment fingerprinting using synthetic and field data [J]. Journal of Soils and Sediments, 15 (10): 2101-2116.

SKVORTSOV A F, 1959. River suspensions and soils [J]. Soviet Soil Science, 4: 409-416.

SMITH H G, SHERIDAN G J, LANE P N J, et al., 2011. Changes to sediment sources following wildfire in a forested upland catchment, Southeastern Australia [J]. Hydrological Processes, 25 (18): 2878-2889.

STONE M, COLLINS A L, SILINS U, et al., 2014. The use of composite fingerprints to quantify sediment sources in a wildfire impacted landscape, Alberta, Canada [J]. Science of the Total Environment, 473-474: 642-650.

STONE M, SAUNDERSON H, 1992. Particle size characteristics of suspended sediment in southern Ontoario rivers tributary to the Great Lakes [J]. Geological Society Special Publication, 57: 31-45.

TANG X Y, ZHANG X B, GUAN Z, et al., 2014. Historical sediment record of Cs-137, δ-HCH, and δC-13 reflects the impact of land use on soil erosion [J]. Journal of Mountain Science, 11 (4): 866-874.

TIECHER T, CANER L, MINELLA J P G, et al., 2017. Tracing sediment sources in two paired agricultural catchments with different riparian forest and wetland proportion in Southern Brazil [J]. Geoderma, 285: 225-239.

TIECHERA T, MINELLAB J P G, CANERC L, et al., 2017. Quantifying land use contributions to suspended sediment in a large cultivated catchment of Southern Brazil (Guaporé River, Rio Grande do Sul) [J]. Agriculture, Ecosystems and Environment, 237: 95-108.

TURNER B L, LAMBIN E F, REENBERG A, 2007. The emergence of land change science for global environmental change and sustainability [J]. Proceedings of the National Academy of Sciences of the United States of America, 104 (52): 20666-20671.

UPADHAYAY H R, BAJRACHARYA R M, GIBBS M, et al., 2017. Methodological perspectives on the application of compound-specific stable isotope fingerprinting for sediment source apportionment [J]. Journal of Soils and Sediments.

VAN ROMPAEY A J J, VERSTRAETEN G, VAN OOST K, et al., 2001. Modelling mean annual sediment yield using a distributed approach [J]. Earth Surface Processes and Landforms, 26 (11): 1221-1236.

WALDEN J, SLATTERY M C, BURT T P, 1997. Use of mineral magnetic measurements to fingerprint suspended sediment sources: approaches and techniques for data analysis [J]. Journal of Hydrology, 202: 353-372.

WALLBRINK P J, MURRAY A S, 1993. Use of fallout radionuclides as indicators of erosion processes [J]. Hydrological Processes, 7 (3): 297-304.

WALLBRINK P J, MURRAY A S, OLLEY J M, et al., 1998. Determining sources and transit times of suspended sediment in the Murrumbidgee River, New South Wales, Australia, using fallout Cs-137 and Pb-210 [J]. Water Resources Research, 34 (4): 879-887.

WALLING D E, 2005. Tracing suspended sediment sources in catchments and river systems [J]. Science of the Total Environment, 344 (1-3): 159-184.

WALLING D E, 2013. The evolution of sediment source fingerprinting investigations in fluvial systems [J]. Journal of Soils and Sediments, 13 (10): 1658-1675.

WALLING D E, COLLINS A L, STROUD R W, 2008. Tracing suspended sediment and particulate phosphorus sources in catchments [J]. Journal of Hydrology, 350 (3-4): 274-289.

WALLING D E, HE Q, 1997. Use of fallout Cs - 137 in investigations of over bank sediment deposition on river floodplains [J]. Catena, 29: 263-282.

WALLING D E, OWENS P N, LEEKS G J L, 1999. Fingerprinting suspended sediment sources in the catchment of the River Ouse, Yorkshire, UK [J]. Hydrological Processes, 13: 955-975.

WALLING D E, WOODWARD J C, 1995. Tracing sources of suspended sediment in River Basins: a case study of the River Culm, Devon, UK [J]. Marine and Freshwater Research, 46: 327-336.

WALLING D E, WOODWARD J C, NICHOLAS A P, 1993. A multi-parameter approach to fingerprinting suspended - sediment sources [J]. Tracers in Hydrology, IAHSPubl. no. 215: 329-337.

WANG Y, CHEN L, FU B, et al., 2014. Check dam sediments: an important indicator of the effects of environmental changes on soil erosion in the Loess Plateau in China [J]. Environmental Monitoring and Assessment, 186 (7): 4275 - 4287.

WEI Y, HE Z, LI Y, et al., 2017. Sediment yield deduction from check-dams deposition in the Weathered Sandstone Watershed on the North Loess Plateau, China [J]. Land Degradation & Development, 28 (1): 217-231.

WILKINSON S N, HANCOCK G J, BARTLEY R, et al., 2013. Using sediment tracing to assess processes and spatial patterns of erosion in grazed rangelands, Burdekin River basin, Australia [J]. Agriculture, Ecosystems & Environment, 180: 90-102.

WILKINSON S N, OLLEY J M, FURUICHI T, et al., 2015. Sediment source tracing with stratified sampling and weightings based on spatial gradients in soil erosion [J]. Journal of Soils and Sediments, 15 (10): 2038-2051.

WILSON P, CLARK R, MCADAM J H, et al., 1993. Soil erosion in the Falkland Islands: an assessment [J]. Applied Geography, 13 (4): 329-352.

WU Y, ZHENG Q, ZHANG Y, et al., 2008. Development of gullies and sediment production in the black soil region of Northeastern China [J]. Geomorphology, 101 (4): 683-691.

YE Y, FANG X, 2011. Spatial pattern of land cover changes across Northeast China over the past 300 years [J]. Journal of Historical Geography, 37 (4): 408-417.

YE Y, FANG X, REN Y, et al., 2009. Cropland cover change in Northeast China during the past 300 years [J]. Science in China Series D: Earth Sciences, 52 (8): 1172-1182.

YOO K H, MOLNAU M, 1982. Simulation of soil erosion from winter runoff in the Palouse Prairie [J]. Transactions of the Asae, 25 (6): 1628-1636.

ZHANG W, FU J, 2003. Rainfall erosivity estimation under different rainfall amount [J]. Resources Science, 25 (1): 35-41.

ZHANG X B, HE X B, WEN A B, et al., 2004. Sediment source identification by using Cs-137 and Pb-210 radionuclides in a small catchment of the Hilly Sichuan Basin, China. [J]. Chinese Science Bulletin, 49: 1953-1957.

ZHANG X C, FRIEDRICH J M, NEARING M A, et al., 2001. Potential use of rare earth oxides as tracers for soil erosion and aggregation studies [J]. Soil Science Society of America Journal, 65: 1508-1515.

ZHANG X C, LIU B L, 2016. Using multiple composite fingerprints to quantify fine sediment source contributions: a new direction [J]. Geoderma, 268: 108-118.

ZHANG X C, ZHANG G H, GARBRECHT J D, et al., 2015. Dating sediment in a fast sedimentation reservoir using Cesium-137 and Lead-210 [J]. Soil Science Society of America Journal, 79 (3): 948.

ZHANG X, WALLING D E, QUINE T A, et al., 2015. Use of reservoir deposits and Caesium-137 measurements to investigate the erosional response of a small drainage basin in the rolling Loess Plateau region of China [J]. Land Degradation & Development, 8 (1): 1-16.

ZHAO G, KLIK A, MU X, et al., 2015. Sediment yield estimation in a small watershed on the Northern Loess Plateau, China [J]. Geomorphology, 241: 343-352.

ZHAO G, MU X, HAN M, et al., 2017. Sediment yield and sources in dam-controlled watersheds on the Northern Loess Plateau [J]. Catena, 149: 110-119.

ZHAO T Y, YANG M Y, WALLING D E, et al., 2017. Using check dam deposits to investigate recent changes in sediment yield in the Loess Plateau, China [J]. Global and Planetary Change, 152: 88-98.

ZUZEL J F, ALLMARAS R R, GREENWALT R, 1982. Runoff and soil erosion on frozen soils in Northeastern Oregon [J]. Journal of Soil and Water Conservation, 37 (6): 351-354.